高等院校21世纪课程教材

大学物理实验系列

医用物理学实验

第2版

主　　编◎陈月明
参编人员◎（按姓氏笔画排序）
王　奕　江中云　陈月明
赵　艳　柴林鹤　黄　海
黄龙文　韩莲芳

北京师范大学出版集团
BEIJING NORMAL UNIVERSITY PUBLISHING GROUP
安徽大学出版社

图书在版编目(CIP)数据

医用物理学实验/陈月明主编. —2 版. —合肥:安徽大学出版社,2019.7(2023.7 重印)
ISBN 978-7-5664-1880-7

Ⅰ.①医… Ⅱ.①陈… Ⅲ.①医用物理学—实验—高等学校—教材
Ⅳ.①R312—33

中国版本图书馆 CIP 数据核字(2019)第 118495 号

医用物理学实验(第 2 版) **陈月明 主编**

出版发行: 北京师范大学出版集团
安 徽 大 学 出 版 社
(安徽省合肥市肥西路 3 号 邮编 230039)
www.bnupg.com
www.ahupress.com.cn

印　　刷: 安徽昶颉包装印务有限责任公司
经　　销: 全国新华书店
开　　本: 710 mm×1010 mm　1/16
印　　张: 9.25
字　　数: 170 千字
版　　次: 2019 年 7 月第 2 版
印　　次: 2023 年 7 月第 6 次印刷
定　　价: 25.00 元
ISBN 978-7-5664-1880-7

组稿编辑: 刘中飞　张明举　　**装帧设计:** 李　军
责任编辑: 张明举　　**美术编辑:** 李　军
责任印制: 赵明炎

第2版前言

《医用物理学实验》自2010年出版以来，一直得到师生的好评。根据实验器材及环境的改变，并应出版社和学校的要求做了此次修订。

《医用物理学实验》作为高等医学或药学类专业的教材，我们既是教材的编写者，也是教材的使用者。自教材出版至今，我们一直在不断检查和审视该教材。为了总结多年从事医用物理学实验教学及教学改革经验，本着"实用、够用、会用、适用"的原则，并考虑到学生学习该课程的基本特点和教学实际，使其在人才培养过程中充分发挥作用，在教材修订过程中力求在系统反映本课程基本内容的同时，保证语言简练、内容通俗易懂。这次修订过程中，没有采取"另起炉灶"的做法，而是尽可能保持原来的风格与特点。本教材中每一项物理实验的编排包括实验目的、实验仪器、实验原理、实验内容与步骤、数据处理、注意事项及思考题等。这样能帮助学生强化概念，掌握实验方法，提高实验操作技能，培养学生的实际动手能力。

此次《医用物理学实验》主要在以下几个方面进行了修订：

(1)对实验7进行了部分调整。

(2)在部分实验中增加了数据记录所用表格。

(3)修订了原教材中不规范的表述。

本教材由陈月明主编，柴林鹤、黄龙文、江中云、黄海、王奕、赵艳、韩莲芳等同志参加了修订。

本教材可供高等医学院校本科、专科各专业使用或参考。

通过对教材的反复使用，不断发现教材中的不足，不断改进和完善，力求使之更加符合医学院校教育培养目标的要求，使之更加具有可操作性和实用性，以方便教师的教和学生的学。由于修改时间有限，原来的遗漏或瑕疵并未完全得到增补或更正，错误或存在的问题仍然在所难免，敬请各位同行、读者批评指正。

作　者

2018年12月

第 1 版前言

医用物理学实验是高等医学院校的一门必修课程，它在学生的科学素质培养中占有非常重要的地位。

《医用物理学实验》教材是根据医学类各专业的培养目标，在参照原卫生部颁发的高等医学院校《医用物理学》教学大纲和理工类非物理类专业物理基础课程教学指导分委员会制定的《理工类非物理类大学物理课程教学基本要求》，并在总结了我们多年从事《医用物理学》实验教学及教学改革经验的基础上，本着实用、够用、会用、适用并贴近学生学习的特点为原则，结合医学院校《医用物理学》实验课程的教学实际情况和需要精心编写而成。本书内容主要包括物理实验的实验目的、实验仪器、实验原理、实验内容与步骤、数据处理、注意事项及思考题等，能帮助学生强化概念，掌握实验方法，提高实验操作技能，培养学生的实际动手能力。本教材可供高等医学院校本科生、专科生各专业使用或参考学习。

本教材共分 3 章，第 1 章主要讲述物理实验的重要性及物理实验的主要环节；第 2 章主要讲述误差理论基础及数据处理的相关知识；第 3 章为医用物理实验，包括基本长度测量、黏滞系数特性的测试、液体表面张力系数的测定、三线摆法测量样品的转动惯量、拉伸法测定金属丝的杨氏模量、声速的测量、常用电子仪器介绍、用模拟法测绘静电场、心电图机性能指标的测量、铁磁材料的磁滞回线和基本磁化曲线、模拟 CT、分光计的调节与用分光计和光栅测光波波长、棱镜折射率的测定、旋光计原理及使用、测量薄凸透镜的焦距、自组显微镜等 16 个物理学实验。

本教材由陈月明老师担任主编，参加本书编写工作的老师有

（按姓氏笔画排序）：王奕、江中云、陈月明、赵艳、柴林鹤、黄海、黄龙文、梁振、韩莲芳。

由于编者水平有限，书中难免存在错误和缺点，我们恳请读者批评指正。

编　者

2010年5月

目录 CONTENTS

第 1 章

绪 论

探究自然界的一些规律,首先是从观察和实验开始,物理学是以实验为基础的一门自然学科,实验是探索物理知识的源泉,无论是物理概念的建立,还是物理规律的探索与验证,都离不开物理实验。

自然界中各种现象是错综复杂的,很难按照其原来的样子加以考察,如果在人为的安排及设计下,将我们所要研究的一些现象复制或再现出来,控制现象产生的条件,消除某些不必要的干扰因素,从中得出这些现象中某些量之间的关系及其规律性,这一过程就是实验。如果我们讨论和观察的是物理现象中某些物理量之间的关系及其规律,则这一过程就是物理实验。

第 1 节 物理实验的重要性

物理实验是我们获取物理知识、培养实验者的观察能力、动手能力、物理思维能力、创新能力、科学态度与科学作风等的重要途径之一,物理实验是物理学理论的基础。在物理实验过程中,系统地进行这方面的训练,我们还能很好地认识理论与实际现象的联系,加深对理论知识的理解,增强独立思考能力,学会使用物理仪器进行物理测量的基本技术和方法,这对我们将来进行医学科学研究和实际医疗工作都是十分重要的。

一、物理实验是我们获取物理知识的重要来源

物理实验不仅可以使我们具备一定的感性认识,更重要的是可以使我们进一步加深理解物理概念和定律是在怎样的物理实验基

础上建立起来的，因此它能更好地帮助我们形成一定的物理概念，推导出一定的物理规律，从而使我们能够掌握相关的理论知识，正确和深刻地领会物理理论知识。

实践证明，实验和理论在学习物理过程中具有同样重要的地位。物理实验能创造一种适合于我们学习物理的环境，能使我们以最快捷、最有效的方式掌握前人已经认识到的真理。通过精心设计一些物理实验，能使我们形成正确的、完整的物理概念，奠定其牢固的物理学基础知识。

二、物理实验可突破物理内容中的难点

物理实验具有直观性和可操作性的特点，它能够激发我们的好奇心和探究欲，并在实验中激发兴趣，启迪思维。有些实验现象明显，可见度大，引人入胜，当实验现象呈现精彩之处，我们会感到无限的惊喜。通过实验过程，既能观察到鲜明的物理现象，又能从形象思维顺利过渡到抽象思维，从而突破物理学中相关内容的难点。由于物理实验能浓缩地展示人们认识和发现某一物理知识、原理的过程，这样可以让我们在较短的时间内理解、认识和掌握某一物理知识、原理，并为掌握其他知识打下坚实的基础。

三、物理实验是提高我们各种能力的重要途径之一

1. 物理实验能有效地培养我们的观察能力

所谓观察能力，是指准确、迅速、深入、全面地捕捉对象特征的能力，是善于察觉事物的典型而非显著特征的能力。达尔文曾经说过：“我既没有突出的理解力，也没有过人的机智，只是在觉察那些稍纵即逝的事物并对其进行精细观察的能力上，我可能高于众人。”显然，没有过人的观察能力，伦琴不会发现X射线，居里夫妇也不会发现元素镭。

毫无疑问，过人的观察能力只会来自于实践。我们的实践主要来自于物理实验，不同的物理现象，需要不同的观察仪器；对同一物理现象，可以采用不同的观察方法。这一切，我们在日常生活中不容易做到，也不可能在书本上培养出观察能力，只有通过动手实验

才能培养出敏锐的观察能力。达尔文、伦琴、居里夫妇正是做了远远多于普通人的实验之后，才锻炼出超乎常人的观察能力。

2. 物理实验能培养我们的动手能力

这里的动手能力，主要是指物理实验的基本操作技能。物理实验的基本操作技能有三个方面：

(1)较准确熟练地使用基本物理仪器(包括对仪器的原理、构造和性能的了解)；

(2)能用基本的常用仪器对有关物理实验进行配套组装和简单故障的排除；

(3)能自行设计、展示简单物理现象与规律的“小创造”。

物理实验必须以我们为主体，还应考虑让我们能充分发挥主观能动性。物理实验是手脑并用的实践活动，我们动手就必须动脑。俗话说“心灵手巧”，这里的“心”就是指大脑，没有“大脑”的灵活思维，就不可能使“手”运用自如。怎样才能“心灵手巧”呢？那就是“熟能生巧”，这里的“熟”即是指通过大量物理实验让我们逐渐熟练掌握实验的基本操作技能。

3. 物理实验能培养我们的创新能力

敢想、敢问、敢质疑是创新的基础，而敢动手、敢冒险、勇于实践则是创新的关键。在物理学发展史上，物理学家们为了探究物理世界的奥秘，曾运用科学实验，发现了一个又一个的物理规律。因此，我们在物理实验中要放开双手，大胆实验，勇于实践，不怕失败。我们还要创造条件，争取进行更多的动脑、动手的机会，充分使自己得到足够的实验机会。

四、物理实验能培养我们的科学态度与科学作风

科学是在实事求是的基础上才得以发展起来的。伽利略正是本着实事求是的科学态度，才否定了亚里士多德的许多谬论；牛顿正是本着实事求是的科学态度，才登上了自然科学史上的第一座山峰。物理实验首先推崇实事求是，如果不是求是精神，那么实验观测就失去了意义。在物理实验的过程中应注意培养我们尊重事实、严肃认真、按科学规律办事的科学态度，按实验规则操作，实事求是

地对待实验结果。我们要从实际出发，独立思考，精心实验，如实记录，严肃地对待实验过程中的每一个环节。我们要通过物理实验培养自己严谨的科学态度与实干精神以及兢兢业业的科学作风，这将能促使我们建立科学的世界观。我国著名科学家钱三强曾说过："科学态度和科学作风是一个人优良品德的重要组成部分……对于一个人成就事业的重要性，丝毫不亚于他们的知识和能力，甚至可以说更重要。"

华裔著名实验物理学家丁肇中的学术思想是：在科学研究中非常重视实验，物理学是在实验与理论紧密相互作用的基础上发展起来的，理论进展的基础在于理论能够解释现有的实验事实，并且还能够预言可以由实验证实的新现象。当物理学中一个实验结果与理论预言相矛盾时，就会发生物理学的革命，并且导致新理论的产生。他根据近四分之一世纪以来物理学的历史和他亲身的经验指出，许多重要实验，例如K介子衰变中电荷共轭宇称与宇称复合对称性(CP)不守恒的发现，J粒子的发现以及高温超导体的发现，开辟了物理学中新的研究领域，但这些实验发现都是预先在理论上并没有兴趣的情况下做出的；又如高能加速器实验近年来做出的有关粒子物理的基本发现，除W粒子和Z粒子外，几乎都是在加速器开始建造时未曾预言过的。他强调，没有一个理论能够驳斥实验的结果，反之，如果一个理论与实验观察的事实不符合，那么这个理论就不能存在。他重视科学实验的观点，对科学工作者是很有教益的。

总之，从生活走向物理，从物理走向社会和大自然，这一切都包含着物理学的基本理论。丰富多彩的物理实验能激发我们的创造性思维能力和探究能力，能增强我们的学习兴趣，能启迪我们的科学思维，能培养我们的科学态度与科学作风，能揭示物理现象的本质。

第2节　物理实验的主要环节

物理实验是学生在教师指导下独立进行学习的一种实践活动，因此，在实验过程中，学生应充分发挥自己的主观能动性，有意识地培养自己的独立工作能力和严谨的工作作风。为此，在实验过程中应把握好以下三个主要环节：实验预习、做好实验、写好实验报告。

一、实验预习

学生要独立进行实验操作，必须在实验前有很好的预习过程，不做预习或预习不充分则就无法进行正确的操作，在盲目的状态下进行实验容易出现差错或出现严重的事故，这是绝对不允许的，所以，实验前预习的好坏是实验过程中能否取得成功的关键。为此，学生在实验前应做到如下预习要求：

(1)仔细阅读实验教材，对实验目的、实验原理要深入理解；

(2)对实验仪器及使用方法要熟练掌握；

(3)完全清楚实验步骤及实验中的注意事项；

(4)写出预习报告，实验预习报告应该包括实验名称、实验目的、实验仪器、实验原理、实验步骤、实验注意事项、实验数据的原始记录表格等内容，在必要时还应画出有关的实验图等。

二、做好实验

物理实验操作是学生在实验室里进行的实验活动，在实验过程中，要求我们遵守实验室的各项规章制度，在实验教师的指导下由学生独立完成实验内容，并且要求我们爱护实验仪器及实验设施，注意安全。具体要求是：

(1)学生进入实验室后，首先要清理实验桌和熟悉实验环境；

(2)按实验项目和实验教材清点实验仪器及实验设备；

(3)认真倾听实验教师的指导及讲解后，动手熟悉实验仪器及实验设备，如仪器的准确度、量程、刻度标记、旋钮的作用、零点调节等；

(4)按实验步骤进行实验操作，同时在操作过程中应认真思考，还要注意实验过程中的安全问题，必要时请实验教师检查同意后方可实验，如电学实验中一定要注意电源开关的状态、直流电源的正负极性等；

(5)实验数据一定要读数准确，并填写到实验数据记录表中，以便进行数据处理；

(6)实验结束后将实验桌清理干净，实验仪器及实验设备恢复到实验前的状态。

三、写好实验报告

在实验操作完成后，我们需要对实验数据进行处理，用简洁的文字写出总结性的实验材料，即写好实验报告。实验报告的文字应该字迹清楚、文理通顺、重点突出。通过书写实验报告，能培养我们分析和总结问题的能力。在书写实验报告时，应包括如下内容：

（1）实验报告中应包括实验者姓名、同组实验者姓名、班级、组别、实验日期等；

（2）写明实验名称、实验目的、实验仪器及实验设备和器材，实验仪器要求写明量程和准确度等；

（3）用自己的语言写出实验原理，尽可能地突出重点，简明扼要，用公式、符号、图形或实验装置图来描述；

（4）实验数据的原始记录、数据处理和计算、实验结论是实验报告的重要内容，要求严格按照误差理论、有效数字和数据处理或图表规则来处理；

（5）实验讨论视具体情况而定，可写出实验者的心得、体会和意见，也可以写出自己对实验做进一步的改进和设想；

（6）实验报告要求统一用实验报告纸书写；

（7）严格的实验报告应该还有附录、教师签字的原始数据和实验的预习报告等。

（陈月明）

第2章

误差理论基础及数据处理

物理实验的目的是探寻和验证物理规律,在实验的过程中离不开定性的观察和定量的测量,在这些测量过程中得到的实验数据都不可避免地存在着测量偏差,即实验误差,这就要求我们必须将得到的这些实验数据经过认真地、正确地、有效地加以处理,得出正确的结论,从而将感性认识上升为理性认识,以发现或验证物理规律,所以数据处理是物理实验中一项极其重要的工作。为此,我们必须懂得:如何将测量误差限制在要求的范围之内,怎样选择合适的测量方法和实验仪器,如何在测量中尽量减小实验误差,如何将实验的原始数据进行归纳、整理加工等,这些都要求我们必须掌握一些最基本的数据处理方法,包括实验测量、实验误差及其分析、有效数字及其运算规则、制表、作图等实验数据的处理方法。

实际上,实验数据的处理是一门专门的学科,涉及许多数学理论,在这里只简单地介绍一些最基本的知识。

第1节　物理量的测量与实验误差

一、物理量的测量

物理实验不仅要求定性观察各种物理现象,而且还要探寻有关物理量之间的定量关系,因此,对物理量的研究往往离不开物理量的测量。所谓测量就是由测量者采取某种测量方法,使用某种测量仪器将待测的物理量与一个选作标准的同类量进行比较,以确定它们之间的倍数关系,从而得出该物理量的测量值。例如,为测量一个铁球的质量，可以把铁球（待测物体）放在天平（测量仪器）的一侧，把适量的砝码（其质量为标准量）放在另一侧，适当调节从而使天平两侧平衡（测量方法），这时即可得出该铁球质量的测量值。一个物理量的测量值是由测量数值和单位共同组成的。选择的单位不同，测量数值则有所不同。根据《中华人民共和国计量法》规定，物理量的测量均以国际单位制（SI）为国家法定计量单位，即以米（m）、千克（kg）、秒（s）、安培（A）、开尔文（K）、摩尔（mol）、坎德拉（cd）作为基本单位，其他物理量都是由这七个基本单位导出的。

物理量的测量可以分为直接测量和间接测量两种。直接测量，如用米尺测量长度、用天平测量质量、用停表测量时间等，这类测量可以直接从测量仪器上得出物理量的测量值。间接测量则要根据直接测量所得到的数据，依照一定的函数公式，通过计算，得出所需要物理量的结果，例如，要测量电阻，可先用伏特计测量电阻两端的电压U，再用安培计测量通过电阻的电流强度I，然后计算出电阻的数值$R=U/I$。在物理量的测量中，绝大多数是间接测量，而直接测量却是一切测量的基础。

二、实验误差

一个待测物理量的大小在客观上应该有一个客观存在的量值，叫真值。由于测量方法、测量仪器、测量条件及测量者自身的各种问题，实验测得的数值即测量值只是真值的一个近似值，这种测量值与真值之差称为实验误差。实验误差可分为系统误差和随机误差。

系统误差是由于理论不够完善或仪器存在缺陷所造成的，例如，测量物体的重量时忽略了空气浮力，测量温度时使用的温度计刻度不准确等，因此在多次测量中，系统误差总是使测量沿同一方向偏离真值，也就是说，使测量值一律偏大或偏小。只要能确定产生系统误差的原因，就可以采取适当方法来消除它的影响，如对仪器、仪表的示数引入正值或对理论公式进行修正等。

随机误差也称偶然误差，是由于观测者感觉的限制以及其他不可预料的偶然因素所产生的，例如，读数时受到眼睛分辨本领的限制，有时听声音又受到听觉能力的限制，在调节仪器时又受到手的灵活性的限制等，因此在多次测量中，测量结果较真值有时偏大，有时偏小。鉴于随机误差产生的原因及其不可预测性，它是无法消除的。由于随机误差的出现，从第一次测量来看仅属偶然，但若测量次数充分多时就显示出其明显的规律性，这种规律性遵从“正态分布”，也称“高斯分布”，如图 2.1.1 所示，ΔX 为测量的随机误差，$f(\Delta X)$ 为随机误差的密度函数。

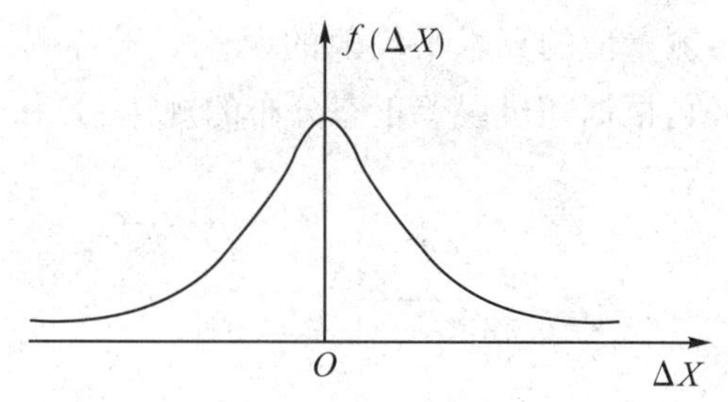

图 2.1.1　随机误差的正态分布

由图 2.1.1 可以看出，服从正态分布的随机误差具有以下规律性：

(1)单峰性：绝对值小的误差出现的可能性(概率)比绝对值大的误差出现的可能性(概率)大。

(2)对称性：大小相等的正误差和负误差出现的机会(概率)均等，并对称分布于真值的两侧。

(3)有界性：绝对值很大的误差出现的可能性(概率)接近于零，即误差有一定的实际限度。

(4)抵偿性：当对同一物理量进行多次测量时，其误差的算术平均值随着测量次数的增加越来越趋于零。

随机误差虽然无法消除，但根据以上规律，我们能做到尽量减小它的影响。对同一待测物理量的 n 次测量值的代数和除以测量次数 n 得到的商，称为测量值的算术平均值。用 $\overline{X}$ 表示算术平均值，则有

$$\overline{X} = \frac{1}{n}(X_1 + X_2 + \cdots + X_n) = \frac{1}{n}\sum_{i=1}^{n} X_i$$

式中，X_1、X_2、…、X_n 为 n 次测量所得的一系列值，各次测量的随机误差分别为 ΔX_1、ΔX_2、…、ΔX_n，假定待测物理量的真值为 a，因此有

$$(X_1-a)+(X_2-a)+\cdots+(X_n-a)=\Delta X_1+\Delta X_2+\cdots+\Delta X_n$$

将上式展开后整理，并且等式两边同时除以 n，则有

$$\frac{1}{n}(X_1+X_2+\cdots+X_n)-a=\frac{1}{n}(\Delta X_1+\Delta X_2+\cdots+\Delta X_n)$$

即

$$\frac{\sum_{i=1}^{n}X_i}{n}-a=\frac{\sum_{i=1}^{n}\Delta X_i}{n}$$

上式的意义是：测量值的算术平均值的误差等于各测量值的随机误差的算术平均值，根据随机误差正态分布的规律(3)和(4)可知，当 n 趋于无穷大时，有

$$\lim_{n\to\infty}\frac{\sum_{i=1}^{n}\Delta X_i}{n}=0$$

所以

$$\overline{X}=\lim_{n\to\infty}\frac{\sum_{i=1}^{n}X_i}{n}=a$$

这表明，当测量次数非常多时，各测量值的随机误差的算术平均值趋向于零，则测量值的算术平均值趋于真值。因此，在有限次测量中，我们可取测量值的算术平均值作为近似真值，称为最佳值，有时就用最佳值代替真值。

由于各种测量都存在着各种误差，为了评价测量结果的可靠性，又引入绝对误差和相对误差。

绝对误差＝|测量值－真值|

实际上，真值是无法测得的，因此常用测量值的平均值$\overline{X}$代替真值，于是一系列测量值中某一次测量的绝对误差可定义为

$$\Delta X_i=|X_i-\overline{X}|$$

这与前述随机误差 ΔX_i 的含义已不相同，这里 ΔX_i 总取正值，对于 n 次测量的一系列绝对误差的算术平均值称为平均绝对误差$\overline{\Delta X}$，即

$$\overline{\Delta X}=\frac{\Delta X_1+\Delta X_2+\cdots+\Delta X_n}{n}=\frac{\sum_{i=1}^{n}\Delta X_i}{n}$$

因此,测量结果可表示为

$$X = \overline{X} \pm \overline{\Delta X}$$

平均绝对误差反映了测量误差大小的范围。例如,实验测得铜柱的长度为

$$X = 2.34 \pm 0.01(\text{cm})$$

这里,2.34 即为测量值的算术平均值,而 0.01 则为平均绝对误差,说明真值在 2.33～2.35 cm 可能性最大。

$$相对误差=\frac{绝对误差}{真值}\times 100\%$$

这里的真值也是用测量值的算术平均值来代替,而绝对误差可取一系列测量值的绝对误差的算术平均值,因此,相对误差 E 可表示为

$$E = \frac{\overline{\Delta X}}{\overline{X}} \times 100\%$$

相对误差反映了测量结果的准确程度,相对误差愈小,表明测量愈准确,结果愈接近真值。以下不做特别说明时,测量值均指算术平均值,绝对误差均指平均绝对误差。

有时作为被测对象的物理量已有公认值,即最佳值,如测量水的黏滞系数 η 时,手册中就给出公认值,这时比值:

$$\frac{|\ 测量算术平均值-公认值\ |}{公认值}\times 100\%$$

也叫相对误差。

在多数情况下,物理测量是间接测量,它是直接测量按一定的函数关系经计算而得出的结果,因此当直接测量存在误差时,必然导致间接测量结果的误差,这称为误差的传递,误差的大小取决于各直接测量误差的大小以及函数关系的具体形式。

表示间接测量误差与各直接测量误差之间的关系式,称为误差传递公式。表 2.1.1 列出了几种常用函数关系的误差传递公式。

表 2.1.1　几种常用函数关系的误差传递公式

函数关系 $N=f(A,B,C,\cdots)$	绝对误差 ΔN	相对误差 E
$N=A+B$	$\Delta A+\Delta B$	$\frac{\Delta A+\Delta B}{A+B}$
$N=A-B$	$\Delta A+\Delta B$	$\frac{\Delta A+\Delta B}{A-B}$
$N=A\cdot B$	$A\cdot\Delta B+B\cdot\Delta A$	$\frac{\Delta A}{A}+\frac{\Delta B}{B}$
$N=\frac{A}{B}$	$\frac{A\cdot\Delta B+B\cdot\Delta A}{B^2}$	$\frac{\Delta A}{A}+\frac{\Delta B}{B}$
$N=kA^R$	$kRA^{R-1}\cdot\Delta A$	$R\frac{\Delta A}{A}$
$N=\ln A$	$\frac{\Delta A}{A}$	$\frac{\Delta A}{A\cdot\ln A}$
$N=\sin A$	$\lvert\cos A\rvert\cdot\Delta A$	$\lvert\cot A\rvert\cdot\Delta A$
$N=\cos A$	$\lvert\sin A\rvert\cdot\Delta A$	$\lvert\tan A\rvert\cdot\Delta A$

使用误差传递公式时，应注意：

(1)由于直接测量误差服从正态分布，正误差和负误差是随机出现的，为避免对间接测量的误差估计不足，因此在和、差关系式中，间接测量的绝对误差均取各直接测量的绝对误差之和，其也称为最大误差。

例 1　已知 $A=11.23\pm0.01$，$B=9.95\pm0.02$，求 $X=A+B$。

解　$\overline{\Delta X}=0.01+0.02=0.03$，$\overline{X}=11.23+9.95=21.18$

$\therefore X=A+B=\overline{X}\pm\overline{\Delta X}=21.18\pm0.03$

(2)在计算间接测量误差时，为简便起见，除和、差关系式外一般先求相对误差，然后将求得的相对误差与间接测量值相乘即可求出绝对误差。最后，绝对误差所取位数的末位，通常只需与算术平均值的末位对齐，多余的进行四舍五入。

例 2　已知 $A=23.4\pm0.2$，$B=34.5\pm0.3$，求 $X=A\times B$。

解　相对误差为$\frac{0.2}{23.4}+\frac{0.3}{34.5}=0.02$

$\overline{X}=23.4\times34.5=807$，$\overline{\Delta X}=0.02\times807=16$

$\therefore X=A\times B=\overline{X}\pm\overline{\Delta X}=807\pm16$

第 2 节　有效数字

任何一个物理量，其测量结果都包含着误差，因此该物理量的数值就不需要无限制地写下去。测量结果只需写到开始有误差的那一位数，其后位的数值按四舍五入规则进行取舍。

一、有效数字的概念

在物理量的测量中，测量仪器都有它的最小分度，称为精度。如最小分度为毫米的米尺，其精度则为 1 mm，用它来测量长度，则毫米以上的读数能准确得出，毫米以下的仍可估计一位，这估计的一位数字虽然欠准，但保留下来还是有意义的，总比略去这一位要准确些。在测量中得出的有意义的数字，即在测量结果中，准确的几位数字加上有误差的一位欠准数字，称为测量结果的有效数字。测量时，应记录到出现欠准数字那一位为止，不得随便增减位数，因此，在使用有效数字记录数据时，必须注意到：

(1)有效数字位数的多少只决定于使用仪器的精度，而所用的单位及小数点位置不影响有效数字的位数。如 1. 2 mm，若用 m 作单位则写成 0. 0012 m，仍为两位有效数字，说明在纯小数情况下，紧接在小数点后面的零都不是有效数字。

(2)不能在记录数据后随便加零。如 1. 2 mm 和 1. 20 mm 在数学上是等价的，但前者是两位有效数字，而后者是三位有效数字，因为后者是在估计欠准数字时，恰好为零。

(3)为了清楚地表示有效数字的位数和书写方便，根据使用单位不同，常用科学记数法表示。如 1. 2 mm，用 m 为单位，则写成 1.2×10^{-3} m，用 μm 作单位则写成 1.2×10^{3} μm，这里乘号后面部分不是有效数字。

有效数字由准确数字与欠准数字组成，如 0. 274 mm 中，2 和 7 均为准确数字，末位的 4 为欠准数字，是估计数字。如千分尺的准确度为 0. 01 mm，那么测量所得有效数字 0. 274 mm 中的 2 和 7 是准确读出的，而最后一位的 4 是估计出来的；另一测量者也可能估计为

5，得到0.275 mm。通常要求测量者在读取数据时，必须估计到仪器仪表的最小分度值（精度）的十分位。

在有效数字运算中，位数不能保留过多，也不可保留过少。保留过多则夸大了仪器的精度，因为仪器最小的分度值的下一位就是估计位，它已经不准了，以下各位均无保留的必要；保留过少又损害了测量值的精度。到底保留多少位有效数字合适，原则上应由参加运算的各有效数字中误差大的那一个有效数字的位数来确定。

二、有效数字的运算规则

有效数字运算的取舍原则是，运算结果保留一位欠准数字即可。具体的运算规则是：

（1）和或差的有效数字写到欠准数字开始出现的那一位为止。

例3 （1）12.3＋4.56＝16.9

（2）26.65－3.926＝22.72

（2）积和商的有效数字一般只需和各因子中最少的位数相等。因此参与计算的各因子所取的位数都只需和其中最少的位数相等。

例4 （1）5.348×20.5＝110

（2）3764÷217＝17.3

（3）已知的肯定数值或指定数，如测量次数，在运算中不影响有效数字位数。对于公式中取近似值的常数，如 π 等所取的位数亦应与参与计算的各因子中最少的位数相等。

根据有效数字的运算规则处理实验数据，可以避免许多无意义的繁琐运算和不必要地使用精密仪器而其结果仍保持着应有的准确度。

第3节　数据的列表与图示

实验者在得到大量的实验数据后，还要对这些实验数据进行整理、计算与分析，从中寻找测量对象的内在规律，正确地给出实验结果。下面，将介绍实验数据的列表法与图示法。

一、实验数据的列表法

一个物理量进行多次测量，或测量几个物理量之间的函数关系，常常要借助于列表法将实验数据一一列成表格形式。它的优点是，可以使大量数据表达得更清晰醒目、简单直观，易于检查数据并发现问题，避免差错；同时，还有助于反映出物理量之间的对应关系。

列表法不受格式的限制，但在设计表格时应注意以下几点：

(1)表格中每行和每列之首，应注明相应的名称、物理量及所用的单位。

(2)表格中所列数据要正确地反映出测量值的有效数字，对于间接测量还应标明所用公式，并写出计算结果。

(3)表格中的每行和每列的顺序要充分注意计算次序和数据之间的联系，力求条理性、概括性和完整性；对于反映测量值函数关系的数据表格，应注意按一定大小的顺序排列。

例5 测量一合金丝的长度六次，得实验数据及结果如表2.3.1所示。

表2.3.1 测量一合金丝的长度

项目＼次数	1	2	3	4	5	6	算术平均值
X_i(cm)	26.32	26.34	26.36	26.35	26.33	26.34	$\overline{X}=\frac{1}{n}\sum X_i=26.34$
ΔX_i(cm)	0.02	0.00	0.02	0.01	0.01	0.00	$\overline{\Delta X}=\frac{1}{n}\sum \Delta X_i=0.01$
测量结果	$X=\overline{X}\pm\overline{\Delta X}=26.34\pm0.01$(cm)						

二、实验数据的图示法

数据处理中有时还包括图线的描绘。在实验中，我们常常要求出一个物理量与另一个物理量之间的关系，特别是不知道这些物理量的函数关系或用解析方法难以表达时，则需要将测得的实验数据描绘成曲线来表示其对应关系。

将实验数据描绘成曲线时，应注意以下几点：

（1）一般情况下，要用坐标纸作图，原点选在坐标纸的左下角，纵轴或横轴原点的数值不一定为零，可按数据情况确定，以使实验曲线能匀称地分布在坐标纸上，坐标轴的分度代表相应物理量的大小，与实验数据相应的点用“·”、“。”或“×”表示，要符合误差和有效数字的要求，准确数字在图上能准确读出，欠准数字从图上看是估计的，图上应该注明横轴和纵轴的名称（物理量）、单位、分格数值。

（2）由于随机误差服从正态分布规律，因此，根据记录数据描绘实验曲线时应遵守两个原则：

Ⅰ.使用平滑曲线通过尽可能多的实验点，但切勿将实验点依次连成折线；

Ⅱ.使落在曲线以外的点尽可能靠近曲线，而且落至两侧的点的数目大致相等。

例6 某次用伏安法测电阻的实验数据如表2.3.2所示。

表2.3.2 伏安法测电阻实验数据

U(V)	0.76	1.52	2.33	3.08	3.66	4.49	5.24	5.98	6.76	7.50
I(mA)	2.00	4.01	6.22	8.20	9.75	12.00	13.99	15.92	18.00	20.01

根据上述实验数据，可得到实验曲线如图2.3.1所示。

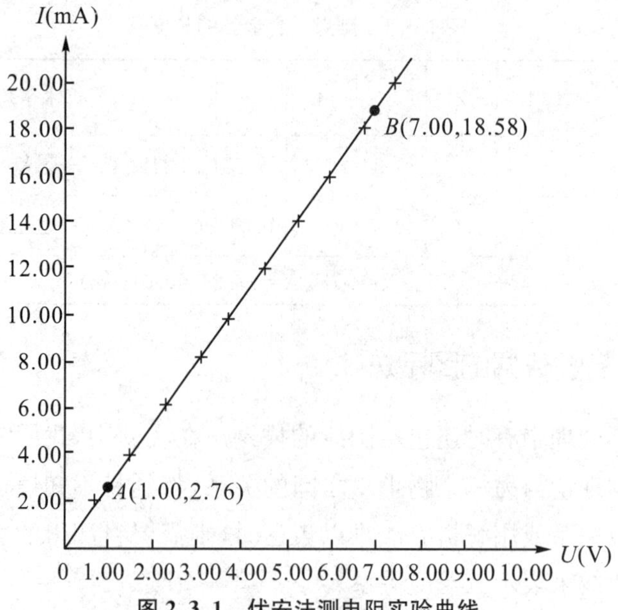

图2.3.1 伏安法测电阻实验曲线

由图上 A、B 两点可得待测电阻 R 的阻值为

$$R=\frac{U_B-U_A}{I_B-I_A}=\frac{7.00-1.00}{18.58-2.76}=0.379(\mathrm{k\Omega})$$

注意 我们在计算时，选取的点不一定是实验数据点，可用与实验数据点不同的标号表示，并在记号旁边标明其坐标值。另外，不要在实验数据的范围之外选点，这时它无实验依据。

三、实验曲线的直线化

图解法虽然在数据处理中是一种较为便利的方法，但在图线绘制上经常带有较大的任意性，所得结果也常常因人而异，很难对其做进一步的误差分析和有关讨论。为了克服这些图解法的不足，在数据处理上常用一些直线拟合的方法，包括一些曲线直线化处理以及最小二乘法等。在这里，我们只介绍曲线直线化处理方法。

很多曲线函数通过坐标变换可以转化成直线函数，这样通过直线化求得曲线函数中的参数值比较准确。将曲线函数化为直线函数的坐标变换叫做曲线直线化。下面以例 7 加以说明。

例 7 一次实验得到物理量 t 与 H 的对应值如表 2.3.3 所示。

表 2.3.3 物理量 t 与 H 的对应实验值

t(s)	0.00	1.00	2.00	3.00	4.00	5.00	6.00
H(dm)	10.0	7.94	6.31	5.01	3.98	3.16	2.51

由此绘出的实验图线是一条曲线，如图 2.3.2 所示。

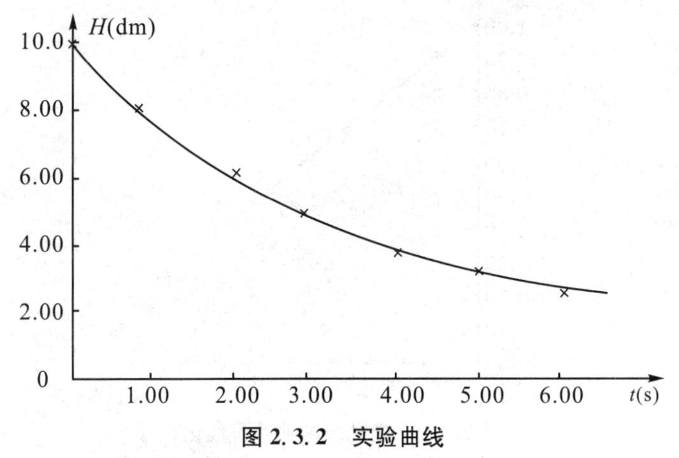

图 2.3.2 实验曲线

这一曲线的特点是，H 随着 t 的增加而逐渐减小，是一条指数衰减曲线，其函数关系为 $H=H_0\times10^{-kt}$。为便于比较和进行分析、判断，我们可以将指数函数曲线直线化。

以 $\lg H$ 为纵坐标，以 t 为横坐标，在方格坐标纸上作图，则画出的曲线将成为一条直线。这是因为对 $H=H_0\times10^{-kt}$ 两边取对数，则有

$$\lg H=-kt+\lg H_0$$

若令 $y=\lg H$，$x=t$，则上式变为

$$y=-kx+\lg H_0$$

显然，这是一条直线方程，其斜率为 $-k$，截距为 $\lg H_0$。

根据上述实验测得 H 与 t 的数据，计算出相应的 $\lg H$ 值，列于表 2.3.4 中。

表 2.3.4　H 与 t 的数据关系

t	0.00	1.00	2.00	3.00	4.00	5.00	6.00
H	10.0	7.94	6.31	5.01	3.98	3.16	2.51
$\lg H$	1.00	0.90	0.80	0.70	0.60	0.50	0.40

在方格坐标纸上取横轴代表 t，纵轴代表 $\lg H$，做实验曲线如图 2.3.3 所示，这是一条直线，它说明上述实验数据是符合指数函数规律的。

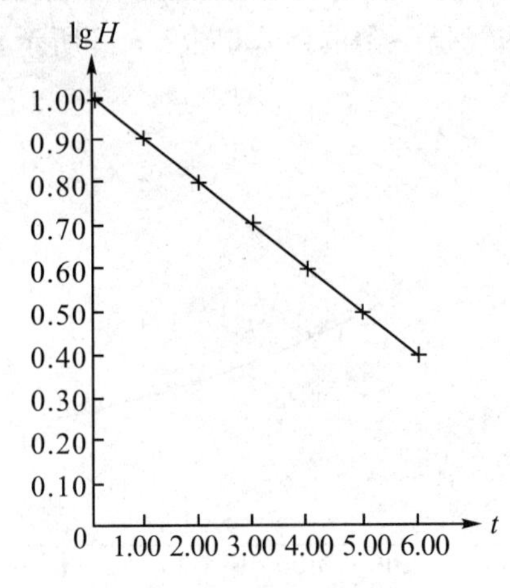

图 2.3.3　指数衰减曲线直线化

我们还可以从直线的斜率和截距求出它的数学表达式，因为

$$-k=\frac{1-0.4}{0-6}=\frac{0.6}{-6}=-0.1$$

当 $t=0$ 时，$\lg H=\lg H_0=1$，故直线方程为

$$\lg H=-0.1t+1$$

即

$$\lg H=-0.1t+\lg 10$$

将其化为指数形式，得

$$H=10\times 10^{-0.1t}$$

这种曲线直线化处理方法也可适用于对数函数、幂函数以及有理分式函数等，同样只需要对有关的坐标做相应的变换即可。但这种方法也有缺点，首先要从实验值 H 计算出相应的 $\lg H$ 值，才能作出直线，换算较繁；其次，所需要的 H 值还不能从直线上反映出来，如改用半对数坐标纸作图，就可避免这些缺点，在此不做叙述。

思考题

1. 什么是系统误差？什么是随机误差？它们产生的原因有何不同？

2. 按误差要求直接写出计算结果。

(1)已知 $A=231.2\pm0.2$，$B=121.5\pm0.5$，则 $A+B=$________，$A-B=$________。

(2)已知 $A=21.4\pm0.1$，$B=12.3\pm0.2$，则 $A\times B=$________，$A/B=$________。

3. 某次实验测量的结果：大铅球的质量为 158.0±0.1 kg，小铁球的质量为 50.2±0.1 g，试问这两项实验测量中，哪一项的准确度高？

4. 请按有效数字的运算规则计算下列各题。

(1)927.4+2.835=________；

(2)36.8−7.47=________；

(3)20.5×0.0024=________；

(4)$837 \div 0.00346=$________。

5. 某次实验中测得一圆柱体的高为 21.6 cm，直径为 2.34 cm，请按有效数字规则计算该圆柱体的体积 V。

6. 某次用泊肃叶法测定液体的黏滞系数的实验数据如下表所示：

时间 t(min)	0.00	1.00	2.00	3.00	4.00	5.00
水面高度 h(cm)	59.7	50.6	43.0	36.5	30.8	25.9
$\lg h$	1.78	1.70	1.63	1.56	1.49	1.41

请按下列两种方法作出实验曲线。

(1)以 h 为纵坐标，以 t 为横坐标，在坐标纸上作出实验曲线；

(2)以 $\lg h$ 为纵坐标，以 t 为横坐标，在坐标纸上作出实验曲线，并写出其函数关系式。

（陈月明）

第3章

医用物理实验

实验1　基本长度测量

一、实验目的

(1)掌握游标卡尺、螺旋测微器的测量原理和使用方法。

(2)掌握一般仪器的读数规则。

(3)掌握实验数据处理方法。

二、实验仪器

游标卡尺、螺旋测微器、金属柱、金属环等。

三、实验原理

长度是一个基本的物理量,长度测量是最基本的测量之一,它的意义不仅在于对长度本身的测量,还因为在实验上常常把非长度的测量方法(如对温度、电流等的测量)归结为长度的测量方法,所以长度测量具有广泛的意义,下面介绍两种常见的精密量具:游标卡尺和螺旋测微器。

1.游标卡尺

游标卡尺是一种比较精密的长度测量仪器,它由尺身及能在尺身上滑动的游标组成,如图3.1.1所示,可测量物体的内径、外径、宽度和高度,有的还可用来测量槽的深度。游标上部有一紧固螺钉,可将游标固定在尺身上的任意位置;尺身和游标都有量爪,利用内测量爪可以测量槽的宽度和管的内径,利用外测量爪可以测量零件的厚度和管的外径;深度尺可以测量槽和筒的深度。

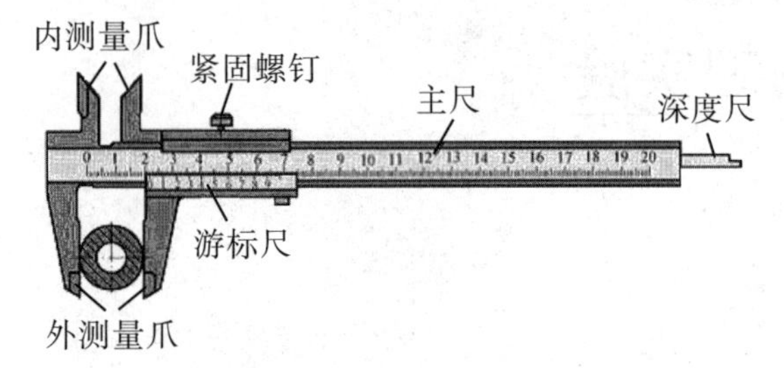

图 3.1.1 游标卡尺的结构

如果按游标的精度值来分,游标卡尺又分 0.1 mm,0.05 mm,0.02 mm三种。设主尺上每格长度等于 a,游标尺总的长度为 m mm,有 n 个等分小格,每 1 小格的长度等于$\frac{m}{n}$ mm,则游标尺上每格与主尺每格的长度差为

$$\Delta x = a - \frac{m}{n}$$

即为游标卡尺的测量精度。以刻度值 0.02 mm 的游标卡尺为例,如图 3.1.2 所示,主尺上的刻度以 mm 为单位,游标尺刻度是将 49 mm 的长度分为 50 等份,即每格为 0.98 mm。主尺和游标尺的刻度每格相差:1−0.98=0.02 mm,即测量精度为 0.02 mm。

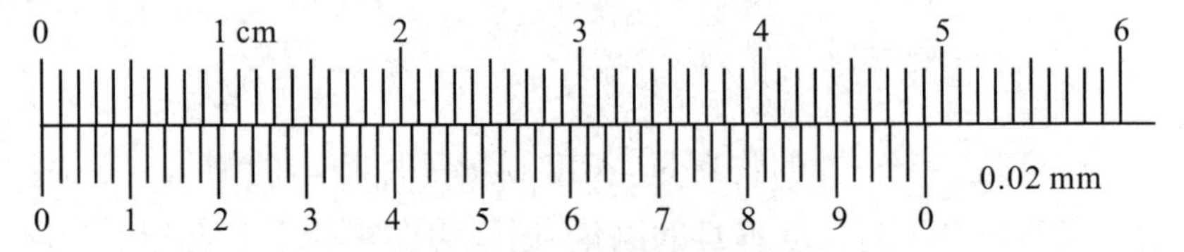

图 3.1.2 精度为 0.02 mm 的游标卡尺

设用精度为 0.1 mm 的游标卡尺测量某物体长度 L,如图 3.1.3 所示。游标卡尺的零刻度线位于主尺的第 6 条和第 7 条刻度线之间,那么 L 可以写成

$$L = 6a + \Delta L$$

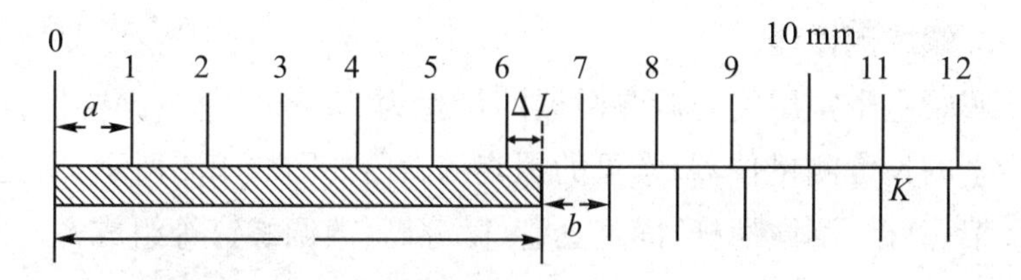

图 3.1.3　游标卡尺的读数公式推导

ΔL 长度未知。由于游标尺和主尺分度不同,由此必能找到游标尺上一条刻度线和主尺上某条刻度线最接近,如图 3.1.3 所示,在 K 点处,游标尺上第 5 条刻度线与主尺某条刻度线最接近,则图中 ΔL 的长度为

$$\Delta L = 5a - 5b = 5(a - b) = 5\Delta x$$

则该物体长度

$$L = 6a + \Delta L = 6a + 5\Delta x = 6.5(\text{mm})$$

上式表明,无论用哪种精密度的游标尺测量长度时,都先读出主尺上与游标尺零刻度线相对应的整数刻度值(如图 3.1.3 所示为 6 mm),加上游标精度 Δx 和游标尺上与主尺对齐的刻度线条数(如图 3.1.3 所示为 5)的乘积,即为该长度的测量值。

因为游标卡尺的国家标准和《国家计量检定规程》规定,测量范围为 0～150 mm的游标卡尺的测量精度值分别为 0.02 mm,0.05 mm,0.10 mm时,对应的示值误差分别为 ±0.02 mm,±0.05 mm,±0.10 mm,因此估计读数已没有什么意义。

使用游标卡尺测量时,应注意:

(1)使用前,应对零值正确性进行检查。观察游标的零刻线与主尺的零刻线是否对准,如果未对准的话,则应记下这个差数,此差数称为零点读数。游标卡尺零刻度线在主尺零刻度线左(右)的零点读数数值分别为负(正),读数方法与前面的游标卡尺的读数方法相同。测量结果为实际读数减去零点读数。

(2)测量时,应以固定量爪定位,移动活动量爪,找到正确位置进行读数。读数时,使物体与主尺平行。

(3)对于有测量深度尺的,以游标卡尺尺身端面定位,然后推动尺框使测度尺测量面与被测表面贴合,同时保证深度尺与被测尺方向一致,不得向任意方向倾斜。

2. 螺旋测微器

实验室中常用的螺旋测微器的量程为 25 mm,它是比游标卡尺更精密的长度测量仪器,常见的螺旋测微器如图 3.1.4 所示,由固定的尺架、测砧、测微螺杆、固定套管、微分筒、微调螺钉等组成。

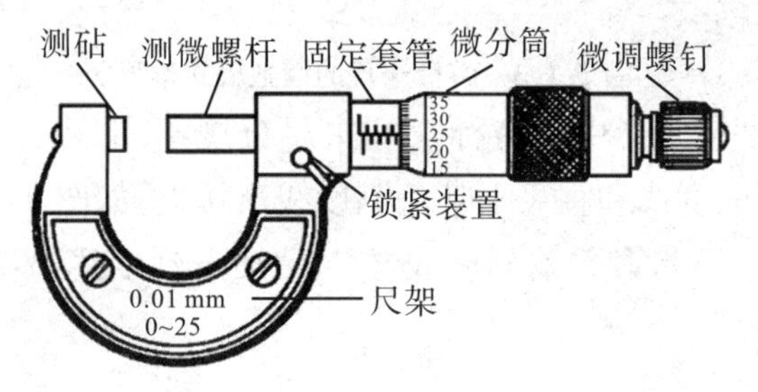

图 3.1.4 螺旋测微器的结构

螺旋测微器是依据螺旋放大的原理制成的,即螺杆在螺母中旋转一周,螺杆便沿着旋转轴线方向前进或后退一个螺距的距离。因此,沿轴线方向移动的微小距离就能用圆周上的读数表示出来。螺旋测微器的精密螺纹的螺距是0.5 mm,微分筒有 50 个等分刻度,微分筒旋转一周,测微螺杆可前进或后退 0.5 mm,因此旋转每个小分度,相当于测微螺杆前进或后退 0.5/50=0.01 mm。可见,微分筒每一小分度表示 0.01 mm,所以螺旋测微器可准确到 0.01 mm。由于还能再估读一位,可读到毫米的千分位,故又名千分尺。因此,借助螺旋的转动,将螺旋的角位移转变为直线位移可进行长度的精密测量,这样的测微螺旋广泛应用于精密测量长度的工作中。

固定套管上有一条水平线,这条线上、下各有一排间距为 1 mm 的刻度线,下面的刻度线恰好在上面两相邻刻度线中间,上一排刻度指示 1 mm,下一排则指示 0.5 mm,如图 3.1.5 所示。

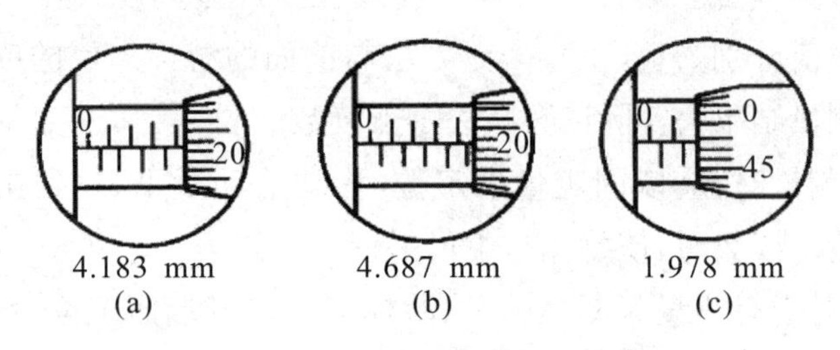

图 3.1.5 螺旋测微器的读数方法

螺杆转动的整圈数由固定套管上间隔 0.5 mm 的刻线去测量，不足一圈的部分由微分筒边缘的刻线去测量，所以用螺旋测微器测量长度时，读数分两步：(1)从微分筒的边缘在固定套管上的位置读出整圈数；(2)根据固定套管上的横线所对活动套管上的分格数，读出不到一圈的小数，同时估读一位。二者相加就是测量值。注意图 3.1.5(b)与图 3.1.5(a)相比，读数相差 0.5 mm。图 3.1.5(c)的整圈读数是 3×0.5 mm 而不是 4×0.5 mm，读数为 1.978 mm 而不是2.478 mm。

使用螺旋测微器的误差主要来自于螺杆与被测物体压紧的程度不同导致，为了消除这种误差，螺旋测微器的尾端装有微调螺钉，测量时，应缓慢转动微调螺钉，使螺杆前进，只要听到发出喀喀声，即可用锁紧装置锁紧螺杆，然后读数。不要直接转动活动套管夹住物体，以免用力过大，夹得太紧，影响测量结果，甚至损坏仪器。这是使用螺旋测微器必须注意的问题。

另外，在测量之前要记录螺旋测微器零点的读数，每次测量之后要对测量数据做零点修正。图 3.1.6 表示两个零点读数的例子，要注意它们的正负号不同，每次测量之后，要从测量值的平均值中减去零点读数。

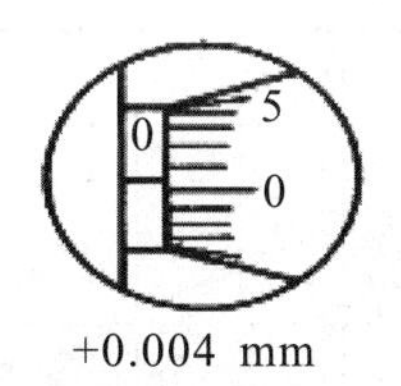

+0.004 mm

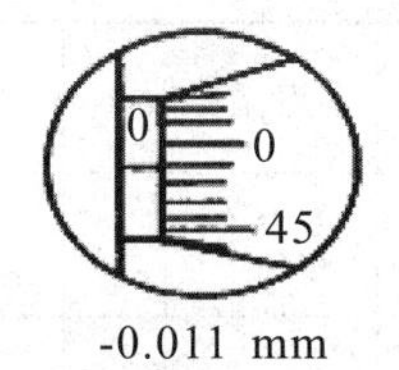

-0.011 mm

图 3.1.6　螺旋测微计的零点读数校正

使用螺旋测微器时，应注意：

(1)螺旋测微器是一种精密的量具，使用时应小心谨慎，动作轻缓，不要让它受到打击和碰撞。螺旋测微器内的螺纹非常精密，使用时要注意：

①微分筒和微调螺钉在转动时都不能过分用力；

②当测微螺杆靠近待测物体时，一定要改旋微调螺钉，不能转动微分筒使螺杆压在待测物体上；

③当测微螺杆与测砧已将待测物体卡住或旋紧锁紧装置的情

况下，绝不能强行转动旋钮。

(2)测量时，被测物体一定要与螺杆平行；

(3)有些螺旋测微器为了防止手温使尺架膨胀引起微小的误差，常在尺架上装有隔热装置，实验时应手握隔热装置，尽量少接触尺架的金属部分；

(4)螺旋测微器用毕后，应擦拭干净，在测砧与螺杆之间留出一点空隙，放入盒中。

四、实验内容及步骤

(1)用游标卡尺测量金属环内外径，并计算测量结果的平均值。

(2)分别用游标卡尺和螺旋测微器测量金属圆柱体的高和直径，并计算测量结果的平均值。

(3)测量头发丝直径(选做)。

(4)计算金属柱体积及其相对误差和绝对误差，并完整地表示出测量结果。

五、实验数据处理

表 3.1.1　测量数据记录

项目 数据(mm)	零点读数	1	2	3	4	5	6	有效数字位数	平均值
金属柱高 (游标卡尺)									
金属柱直径 (千分尺)									
金属球直径 (千分尺)									
金属柱直径 (游标卡尺)									
金属环内径 (游标卡尺)									
金属环外径 (游标卡尺)									
头发丝直径 (千分尺，选做)									

思考题

1. 何谓仪器的精度数值？米尺、20分度游标卡尺和螺旋测微器的精度数值各为多少？如果用它们测量一个长度约7 cm的物体，问每个待测量能读得几位有效数字？

2. 游标卡尺的游标尺上30个分格与主刻度尺29个分格等长，问这种游标卡尺的精度是多少？

3. 试比较游标卡尺、螺旋测微器分度原理和读数方法的异同。

（王　奕）

实验2　黏滞系数特性的测试实验

一、实验目的

(1)学会一种测量液体的黏滞系数的方法——落针法测量。
(2)掌握液体的黏滞系数随温度变化的规律。

二、实验仪器

由实验仪、落针、霍尔传感器、测量一控温系统四部分组成。

1. 实验仪

实验仪结构如图3.2.1所示。用透明玻璃管制成的内外两个圆筒容器竖直固定在水平机座上,机座底部装有调水平的螺丝。内筒盛放待测液体(推荐使用蓖麻油),内外筒之间通过控温系统灌水,用以对内筒加热。外筒的一侧上、下端各有一接口,用橡胶管与控温系统的水箱相连。机座上竖立一块铝合金支架,其上装有霍尔传感器和取针装置。圆筒容器顶部盒子上装有投针装置(发射器),它包括喇叭形的导环和带永久磁铁的拉杆。喇叭形导环为便于取针和让针沿容器中轴线下落。用取针装置把针由容器底部提起,针沿导杆到达盖子顶部,被拉杆的磁铁吸住。拉起拉杆,针因重力作用而沿容器中轴线下落。

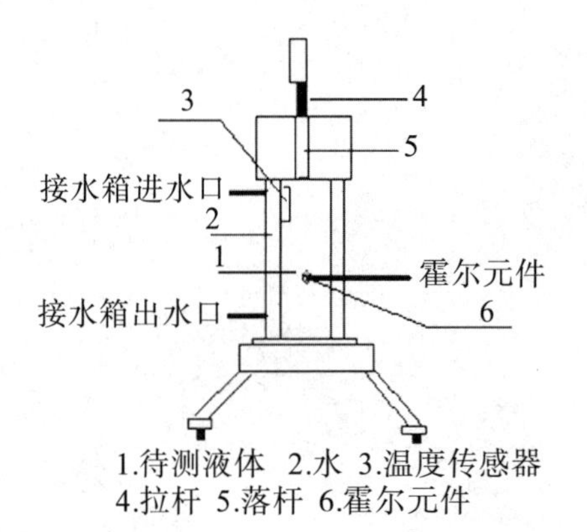

图3.2.1　实验仪结构图

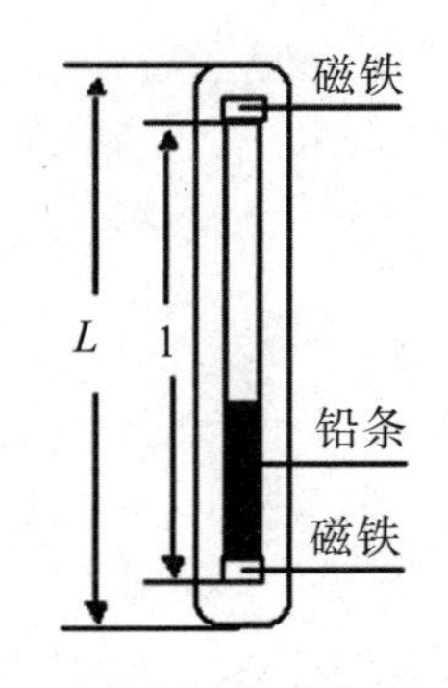

图3.2.2　落针结构图

2. 落针

如图 3. 2. 2 所示，落针是有机玻璃制成的空细长圆柱体，总长约 180 mm，外半径为 R_2，直径约 6 mm，有效密度为 ρ，它的下端为半球形，上端为圆台状，便于拉杆相吸。内部两端装有永久磁铁，磁铁的同名磁极间的距离为 h(150 mm)。内部有配重的铅条，改变铅条的数量，可改变针的有效密度 ρ。

3. 霍尔传感器

它是灵敏度极高的开关型霍尔传感器，做成圆柱状，外部有螺纹，可用螺母固定在实验仪支架上。输出信号通过屏蔽电缆、航空插头接到测量器上。每当磁铁经过霍尔传感器前端时，传感器就会输出一个矩形脉冲。这种传感器的使用，为非透明液体的测量带来方便。

4. 测量—控温系统

以单片机为核心的测量器用以计时和处理数据，硬件采用 MCS-51系列处理芯片，软件固化在 EPROM 中，霍尔传感器产生的脉冲经整形后，从航空插座输入，由计时器完成两次脉冲之间的计时，并将结果计算显示出来。其面板如图 3. 2. 3 所示。

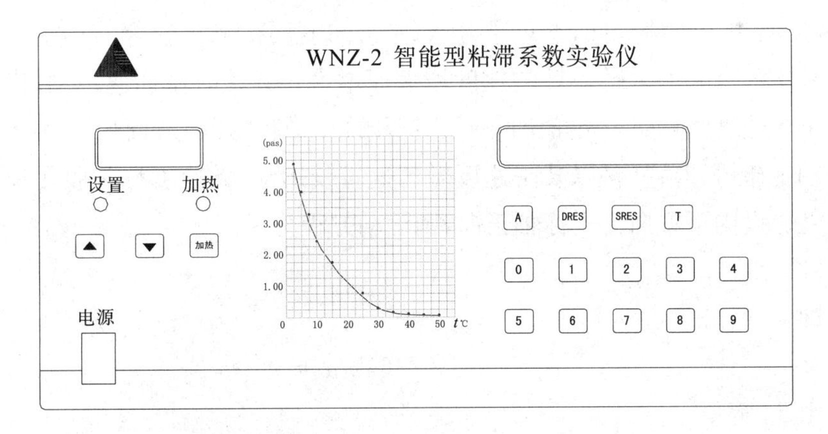

图 3. 2. 3　测量—控温系统面板

控温系统由水箱、水泵、加热器及控温装置组成。微型水泵运转时，水流自实验仪器的底部流入，自顶部流出，形成水循环，对待测液体进行水浴加热，加热功率为 300 W，通过按键∧或∨可预置实验温度，待测液体的实际温度直接由数码管显示。

三、实验原理

一个物体在液体中运动时，将受到与运动方向相反的摩擦阻力的作用，这种力称为黏滞阻力。它是由黏附在物体表面的液层与邻近的液层相对运动速度不同而引起的，其微观机理都是分子之间以及在分子运动过程中形成的分子团之间的相互作用力。针对不同的液体，这种不同液层之间的相互作用力大小是不相同的，所以黏滞阻力除了与液体的分子性质有关外，还与液体的温度、压强等有关。

如果液体是无限广延的，且液体的黏性又较大，落针的半径很小，合适调节落针的密度，那么实验过程中所产生的涡流可忽略不计。此时，附着在落针表面的液体与周围液体之间的黏滞力满足斯托克斯定律，即

$$f = 6\pi\eta rv \tag{1}$$

式中，η 是液体的黏滞系数，r 是落针的半径，v 是落针的运动速度。

实验中，落针落入黏性液体（如蓖麻油）中后，它受到三个力的作用：重力 P（竖直向下）、浮力 N（竖直向上）、黏滞力 f（竖直向上）。其中只有黏滞力随落针的速度增大而增大。开始时做加速运动，当下落速度达到某一定值时，这三个力的矢量和为零，从而由牛顿运动定律可知落针将以某一速度做匀速直线运动，此速度称为收尾速度。设向下方向为坐标轴正向，则运动方程为

$$P - N - f = 0$$

即

$$\rho gV - \sigma gV - 6\pi\eta rv = 0 \tag{2}$$

由此，解得

$$\eta = \frac{\rho gV - \sigma gV}{6\pi rv} \tag{3}$$

式中，ρ 为落针的密度，σ 是液体密度，g 为本地的重力加速度。

式(2)是忽略油的上表面和筒底的影响，又假定落针沿圆筒中心轴竖直下落时才近似成立的。实验中落针在管中下落，管的深度

和直径有限，不符合斯托克斯定律的“无限广延”的假设，另外有时须考虑湍流的影响，其判据雷诺系数与落针的线半径、速度有关，速度越大湍流效应越大，故对上式要进行修订。

在恒温条件下，求黏度 η 的实验应用公式为

$$\eta=\frac{gR_2^2(\rho-\rho_L)}{2v_\infty}\cdot\frac{1+\frac{2}{3L_r}}{1+\frac{3}{2C_wL_r}\left(\ln\frac{R_1}{R_2}-1\right)}\cdot\left(\ln\frac{R_1}{R_2}-1\right)\quad(4)$$

式中，R_1——容器内筒半径，R_2——落针半径，v_∞——针下落收尾速度，g——重力加速度，ρ——针的有效密度，ρ_L——液体密度，η——液体黏度，其中壁和针长的修正系数为

$$C_w=-1-2.04k+2.09k^3-0.95k^5\quad(5)$$

式中，$k=R_2/R_1$。

$$L_r=(L-2R_2)/2R_2\quad(6)$$

考虑到

$$v_\infty=L/T$$

式中，L——两磁铁同名磁极的间距，T——两磁铁经过传感器的时间间隔。

由此，式(4)可改写为

$$\eta=\frac{gR_2^2}{2L}(\rho-\rho_L)\left(1+\frac{2}{3L_r}\right)\left(\frac{\ln R_1/R_2-1}{1+\frac{3}{2C_wL_r}(\ln R_1/R_2-1)}\right)T\quad(7)$$

在变温条件下，还必须考虑到液体密度随温度的改变

$$\rho_L=\rho_0/[1+\beta(t-t_0)]\quad(8)$$

β 值可用实验方法来确定，$\beta\approx0.93\times10^{-3}/℃$。

$$\rho_0=\rho_{20℃}=963\ \mathrm{kg/m^3},t_0=21\ ℃$$

这样，将式(8)代入式(7)即可计算黏度 η。

因为将计算 η 的程序已固化在 EPROM 中，所以利用单片机可将黏度 η 计算并显示，实现了智能化。

四、实验注意事项

(1)当水箱温度超过 55 ℃时会停止加热，并报警。

(2)加水不能过少，至少要保证水循环。

(3)"T"键为水泵开关，"加热"键为加热开关。

(4)针沿圆筒中心轴线下落。

(5)此过程中，针应保持竖直状态，用取针头将针拉起悬挂在容器上端后，由于液体受到扰动，处于不稳定状态，应稍待片刻再将针投下，进行测量。

(6)针装置将针拉起并悬挂后，一定要将取针头离开容器，并置于底部，以免对针的下落造成影响。

注意　落针进入导轨时，发针器导轨应迎着落针倾斜使落针顺利被拉杆吸牢。

(7)投针时双手均需小心操作，以免把实验仪碰倒打坏圆筒容器。

(8)为保证高灵敏度霍尔传感器不受电机磁场影响，加热结束后电机自动停止，做实验时不要打开水泵，再次升温时再打开水泵(设置结束后按下"加热"键时水泵亦自动开启)。

五、实验内容及步骤

(1)接入仪器电源，打开电源开关。

(2)设置温度：按∧或∨进行温度设置，同时设置灯亮，此时显示为设置温度值。按∧设置值递增，按∨设置值递减，到要设定的温度值时松开键，过3 s，显示恢复到显示实测温度值(注意：为了便于温度控制，设置值应高于显示值2 ℃)。

(3)加热液体：打开加热开关(按下"加热"键，注意设置值低于当前显示温度值，按下"加热"键会发出"滴"声，此时未启动加热棒)，显示当前温度数值。将温控器调到某一温度(例如，高于室温2 ℃)，此时升温指示灯闪烁，对待测液体进行水浴加热，到达设定温度后，升温指示灯停止闪烁进行保温，由于热惯性，需待达到平衡稳定后进行测量(**注意**：按下"加热"键后不要再按动面板上任何按键，如果有键按下，请再次按下加热键，确保指示灯处于闪烁状态，待听到"滴"声后，此时加热棒和电机均已停止工作，等待片刻，当温度稳定后即可进行实验，为了达到较准确的设置温度可分两次逐步加热)。

(4)用游标卡尺测量针的直径 d 和长度 L，计算针的体积 V(用量筒直接测量针的体积亦可)；用天平称量针的质量 m，从而求出针的有效密度 $\rho=m/V$。(本机提供针密度已输入芯片)

(5)用比重计测量液体的密度 ρ_L，若无比重计，ρ_L 可由实验室给出或根据公式(5)计算出预定温度下的液体密度。(蓖麻油的密度已输入芯片)

(6)取下容器上端的盖子，将针放入待测液体中，然后盖上盖子用取针装置将针拉起送给发射器。发射器吸住落针后，将取针头放到底盘。

(7)按仪器面板上的“DRES”键，进入起始状态。(**注意**：“SRES”键为系统复位键，在仪器故障时按下此键系统会自动复位，正常情况下不要按下此键)

(8)按“3”键，显示“——”，表示进入计时待命状态。

(9)将投针装置的磁铁拉起，让针落下之后显示下落时间(单位：毫秒)，按 A 键将显示 ρ、ρ_L 参数，ρ、ρ_L 值在显示时可按实际数修改，第三次按 A 键显示该设定温度下的液体黏度(显示结果后记录下数据务必按下“DRES”键，此时面板右侧显示“LNZ——2”，使仪器进入再次测量状态)。

(10)用取针装置将针拉起，可重复测量。(**注意**：此时应确保按下“DRES”键，使面板右侧显示“LNZ——2”状态才可进行实验)

(11)设定其他温度(设定值应高于当前温度 2 ℃，便于温度控制)，继续加热液体，测定该温度下的黏度，并作黏度与温度关系曲线。

六、实验数据处理

1. 数据记录

温度 T(℃)								
黏滞系数 η (Pa·s)								

说明　温度由室温开始，每增加 2.5—3 ℃测量一次液体的黏滞系数。

2. 数据处理

作出 η—T 的图像。

思考题

1. 简述落针法测量液体的黏滞系数的基本原理。

2. 在其他参数已知的情况下，我们只要测量出落针沉降时通过霍尔传感器的时间，为什么就可以换算出该液体的黏滞系数？

3. 通过实验数据，液体的黏滞系数随温度如何变化？

（韩莲芳）

实验3　液体表面张力系数的测定

一、实验目的

(1)学会用砝码对硅压阻力敏传感器进行定标，计算该传感器的灵敏度。

(2)学会用拉脱法测量室温下液体的表面张力系数。

二、实验仪器

FD-NST-I型液体表面张力系数测定仪、砝码、铝合金吊环、吊盘、玻璃器皿、镊子。液体表面张力系数测定仪装置如图3.3.1所示。

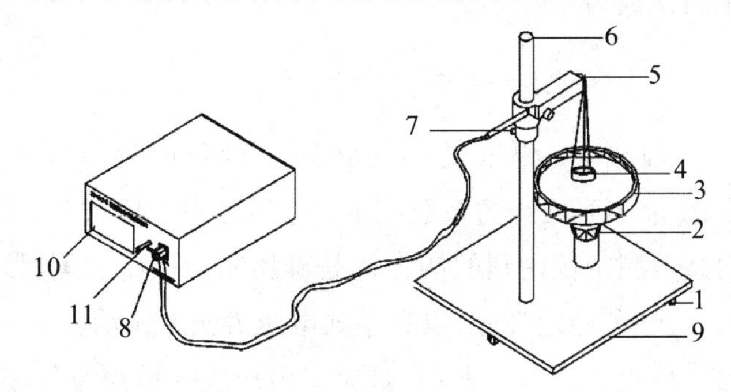

1.调节螺丝　2.升降螺丝　3.玻璃器皿　4.吊环　5.力敏传感器　6.支架
7.固定螺丝　8.航空插头　9.底座　10.数字电压表　11.调零旋钮

图3.3.1　液体表面张力系数测定仪

三、实验原理

液体表面层内分子相互作用的结果使得液体表面自然收缩，犹如紧张的弹性薄膜。由于液面收缩而产生的沿着切线方向的力称为表面张力。设想在液面上作长为 L 的线段，线段两侧液面便有张力 f 相互作用，其方向与 L 垂直，大小与线段长度 L 成正比，即有

$$f = \alpha L \tag{1}$$

式中，比例系数 α 称为液体表面张力系数，其单位为 $\mathrm{N \cdot m^{-1}}$。在数值上等于单位长度上的表面张力。实验证明，表面张力系数的大小

与液体的温度、纯度、种类和它上方的气体成分有关,温度越高、液体中所含杂质越多,则表面张力系数越小。

将内径为D_1、外径为D_2的金属环悬挂在测力计上,然后把它浸入盛水的玻璃器皿中。当缓慢地向上拉金属环时,金属环就会拉起一个与液体相连的水柱。由于表面张力的作用,测力计的拉力逐渐达到最大值F(超过此值,水柱即破裂),则F应当是金属环重力G与水柱拉引金属环的表面张力f之和,即

$$F = G + f \tag{2}$$

由于水柱有两个液面,且两液面的直径与金属环的内外径相同,则有

$$f = \alpha\pi(D_1 + D_2) \tag{3}$$

则表面张力系数为

$$\alpha = \frac{f}{\pi(D_1 + D_2)} \tag{4}$$

表面张力一般很小,测量微小力必须用特殊的仪器。本实验用FD-NST-I型液体表面张力系数测定仪进行测量。FD-NST-I型液体表面张力系数测定仪用到的测力计是硅压阻力敏传感器,该传感器灵敏度高,线性和稳定性好,以数字式电压表输出显示。

若力敏传感器拉力为F时,数字式电压表的示数为U,则有

$$F = \frac{U}{B} \tag{5}$$

式中,B表示力敏传感器的灵敏度,其单位为V/N。

吊环拉断液柱的前一瞬间,吊环受到的拉力为$F_1 = G + f$;拉断瞬间,吊环受到的拉力为$F_2 = G$。若吊环拉断液柱的前一瞬间数字电压表的读数值为U_1,拉断时瞬间数字电压表的读数值为U_2,则有

$$f = F_1 - F_2 = \frac{U_1 - U_2}{B} \tag{6}$$

故表面张力系数为

$$\alpha = \frac{U_1 - U_2}{\pi B(D_1 + D_2)} \tag{7}$$

四、实验注意事项

(1)吊环应严格处理干净。可用 NaOH 溶液洗净油污或杂质后,用清洁水冲洗干净,并用热吹风烘干。

(2)必须使吊环保持竖直,以免测量结果引入较大误差。**注意:**偏差 1°,测量结果引入误差为 0.5%;偏差 2°,则误差 1.6%。

(3)实验之前,仪器须开机预热 15 min。

(4)在旋转升降台时,尽量不要使液体产生波动。

(5)实验室不宜风力较大,以免吊环摆动致使零点波动,所测系数不准确。

(6)若液体为纯净水,在使用过程中防止灰尘和油污以及其他杂质污染,特别注意手指不要接触待测液体。

(7)玻璃器皿放在平台上,调节平台时应小心、轻缓,防止打破玻璃器皿。

(8)调节升降台拉起水柱时动作必须轻缓,应注意液膜必须充分地被拉伸开,不能使其过早地破裂,实验过程中不要使平台摇动而导致测量失败或测量不准。

(9)使用力敏传感器时用力不要大于 0.098 N,过大的拉力将会使传感器容易损坏。

(10)实验结束后须将吊环用清洁纸擦干并包好,放入干燥缸内。

五、实验内容及步骤

(1)开机预热 15 min。

(2)清洗玻璃器皿和吊环。

(3)调节支架的底脚螺丝,使玻璃器皿保持水平。

(4)测定力敏传感器的灵敏度。

①预热 15 min 以后,在力敏传感器上吊上吊盘,并对电压表清零;

②将 6 个质量均为 0.5 g 的砝码依次放入吊盘中,分别记下电压表的读数$U_1 \sim U_6$,将数据填入表 3.3.1 中(传感器的灵敏度参考值$B=2.938\times10^3$ mV/N)。

(5)测定水的表面张力系数。

①测定吊环的内外直径（内外直径的参考值为：外径 $D_1=3.496$ cm，内径 $D_2=3.310$ cm），然后挂上吊环；

②将盛水的玻璃器皿放在平台上，并将洁净的吊环挂在力敏传感器的小钩上，并对电压表清零；

③逆时针旋转升降台大螺帽，使玻璃器皿中液面上升，当环下沿部分均浸入液体中时，改为顺时针转动该螺帽，这时液面往下降（或者说吊环相对往上升）。观察环浸入液体中及从液体中拉起时的物理现象，记录吊环拉断液柱的前一瞬间数字电压表的读数值 U_1，拉断时瞬间数字电压表的读数值 U_2。重复测量5次，将数据填入表3.3.2中。

六、实验数据处理

表3.3.1 力敏传感器的灵敏度 B 的测定

砝码质量/g	0.500	1.000	1.500	2.000	2.500	3.000
电压表示数/mV						

则 $B=\frac{1}{6}\sum_{i=1}^{6}\frac{U_i}{m_i g}=$ ________ mV/N。

表3.3.2 水的表面张力系数的测定

吊环内径 $D_1=$ ________ cm，外径 $D_2=$ ________ cm，水的温度 $t=$ ________ ℃

测量次数	U_1(mV)	U_2(mV)	ΔU(mV)	f($\times10^{-3}$ N)	α($\times10^{-3}$ N/m)
1					
2					
3					
4					
5					

平均值：$\alpha=$ ________ N/m。

思考题

1. 还可以采用哪些方法对力敏传感器灵敏度 B 的实验数据进行处理?

2. 为什么吊环拉起时水柱的表面张力为 $f=\alpha\pi(D_1+D_2)$?

3. 当吊环下沿部分浸入液体中后,旋转大螺帽使得液面往下降,数字电压表的示数如何变化?

附表　水的表面张力系数的标准值

水的温度 t/℃	10	15	20	25	30
α/N/m	0.074 22	0.073 22	0.072 75	0.071 97	0.071 18

(黄龙文)

实验4　三线摆法测量样品的转动惯量

一、实验目的

（1）学习用激光光电传感器精确测量三线摆扭转运动的周期。

（2）学习用三线摆法测量物体的转动惯量，测量相同质量的圆盘和圆环绕同一转轴扭转的转动惯量，说明转动惯量与质量分布的关系。

（3）验证转动惯量的平行轴定理。

二、实验仪器

新型转动惯量测定仪、米尺、游标卡尺、计数计时仪、水平仪，样品为圆盘、圆环及圆柱体3种。

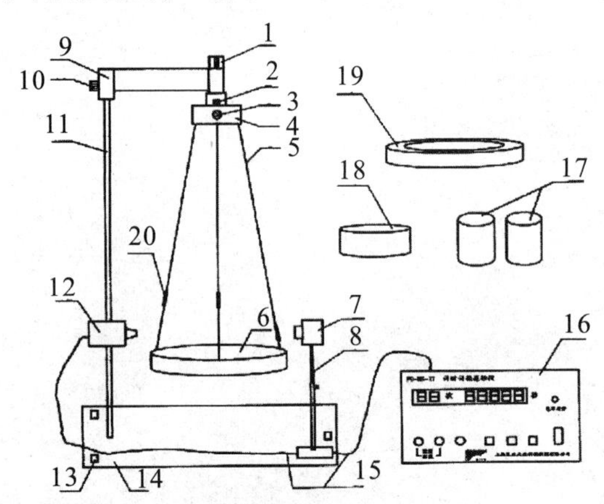

1. 启动盘锁紧螺母　2. 摆线调节锁紧螺母　3. 摆线调节旋钮
4. 启动盘　5. 摆线（其中一根线挡光计时）　6. 悬盘
7. 光电接收器　8. 接收器支架　9. 悬臂
10. 悬臂锁紧螺栓　11. 支杆　12. 半导体激光器
13. 调节脚　14. 导轨　15. 连接线
16. 计数计时仪　17. 小圆柱样品　18. 圆盘样品
19. 圆环样品　20. 挡光标记

图3.4.1　新型转动惯量测定仪结构图

三、实验原理

转动惯量是物体转动惯性的量度。物体对某轴的转动惯量的大小，除了与物体的质量有关外，还与转轴的位置和质量的分布有关。正确测量物体的转动惯量，在工程技术中有着十分重要的意义。例如，正确测定炮弹的转动惯量，对炮弹命中率有着不可忽视的作用；机械装置中飞轮的转动惯量大小，直接对机械的工作有较大影响。有规则物体的转动惯量可以通过计算求得，对集合形状复杂的刚体，计算相当复杂，而用实验方法测定就简便的多，三线扭摆就是通过扭转运动测量刚体转动惯量的常用装置之一。

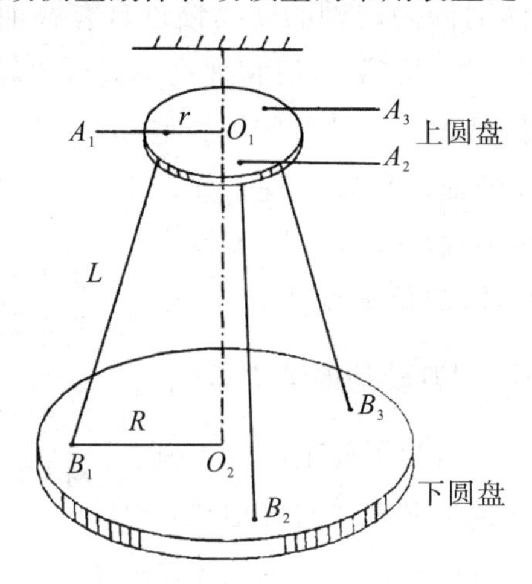

图3.4.2　三线扭摆

三线摆是将一个匀质圆盘以等长的三条线对称地悬挂在一个水平的小圆盘下面构成的。每个圆盘的三个悬点均构成一个等边三角形，如图3.4.2所示，当底圆盘B调成水平，三线等长时，B盘可以绕垂直于它并通过两盘中心的轴线O_1O_2作扭转摆动，扭转的周期与下圆盘（包括其上物体）的转动惯量有关，三线摆正是通过测量它的扭转周期去求已知质量物体的转动惯量。当摆角很小，三线摆很长且等长，悬线张力相等，上下圆盘平行，且只绕O_1O_2轴扭转的条件下，下圆盘B对O_1O_2轴的转动惯量J_0为

$$J_0=\frac{m_0gRr}{4\pi^2H}T_0^2 \tag{1}$$

式中,m_0 为下圆盘 B 的质量,r 和 R 分别为上圆盘 A 和下圆盘 B 上线的悬点到各自圆心 O_1 和 O_2 的距离(**注意:**r 和 R 不是圆盘的半径),H 为两盘之间的垂直距离,T_0 为下圆盘扭转的周期。

若测量质量为 m 的待测物体对于 O_1O_2 轴的转动惯量 J,只需将待测物体置于圆盘上,设此时扭转周期为 T,对于 O_1O_2 轴的转动惯量为

$$J_1 = J + J_0 = \frac{(m + m_0)gRr}{4\pi^2 H}T^2 \tag{2}$$

于是得到待测物体对于 O_1O_2 轴的转动惯量为

$$J = \frac{(m + m_0)gRr}{4\pi^2 H}T^2 - J_0 \tag{3}$$

上式表明,各物体对同一转轴的转动惯量具有叠加的关系,这是三线摆方法的优点。为了将测量值和理论值进行比较,安置待测物体时,要使其质心恰好和下圆盘 B 的轴心重合。

本实验还可验证平行轴定理。如把一个已知质量的小圆柱体放在下圆盘中心,质心在 O_1O_2 轴,测得其直径 $D_{小柱}$,由公式 $J_2=\frac{1}{8}mD_{小柱}^2$ 得其转动惯量 J_2;然后把其质心移动距离 d,为了使下圆盘不倾翻,用两个完全相同的圆柱体对称地放在圆盘上,如图 3.4.3 所示。设两圆柱体质心离 O_1O_2 轴距离为 d(即两圆柱体的质心间距为 $2d$)时,它们对于 O_1O_2 轴的转动惯量为 J_2',设一个圆柱体质量为 M_2,则由平行轴定理可得

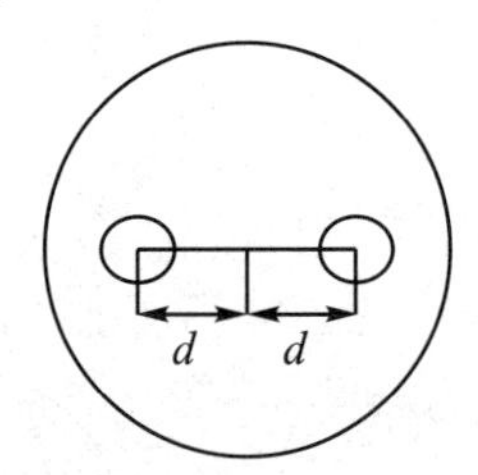

图 3.4.3　两个圆柱体

$$M_2d^2 = \frac{J_2'}{2} - J_2 \tag{4}$$

由此算出的 d 值与用长度仪器实测的值相比较,在实验误差允许范围内两者相符,这样就验证了转动惯量的平行轴定理。

四、实验注意事项

(1)切勿直视激光光源或将激光束直射入眼。

(2)做完实验后,要把样品放好,不要划伤表面,以免影响以后的实验。

(3)移动接收器时,请不要直接搬上面的支杆,要拿住下面的小盒子移动。

(4)启动盘及悬盘上各有平均分布的三只小孔,实验时用于测量两悬点间的距离。

五、实验内容及步骤

(1)调节三摆线。

①调节上盘(启动盘)水平。将圆形水平仪放在旋臂上,调节底板调节脚,使其水平。

②调节下悬盘水平。将圆盘水平仪放在悬盘中心,调节摆线锁紧螺栓和摆线调节旋钮,使悬盘水平。

(2)调节激光器和计时仪。

①先将光电接收器放到一个适当的位置,然后调节激光器位置,使其与光电接收器在一个水平线上。此时可打开电源,使激光束调整到最佳位置,即激光打到光电接收器的小孔上,计数计时仪左下角的低电平指示灯状态为暗。(**注意:**此时切勿直视激光光源。)

②再调整启动盘,使一根摆线靠近激光束。(此时也可轻轻旋转启动盘,使其在5°角内转动起来。)

③设置计时仪的预置次数。(20或40,即半周期数,不能超过66次)

(3)测量下悬盘的转动惯量J_0。

①按如图3.4.4所示方法$\left(r=\frac{\sqrt{3}}{3}a\right)$计算出下圆盘悬点到盘心的距离$r$和$R$,用游标卡尺测量圆盘的直径$D_1$。

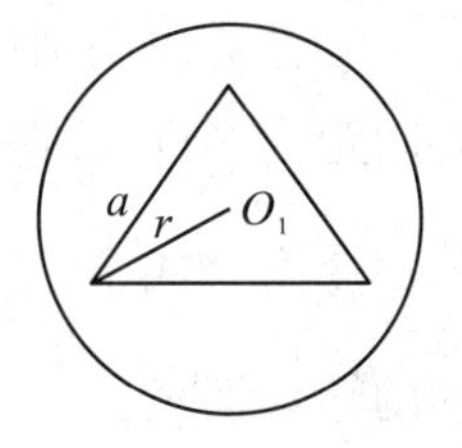

图3.4.4 上圆盘

②用米尺测量上下圆盘之间的距离H。

③测量悬盘的质量M_0。

④测量下悬盘摆动周期T_0,为了尽可能地消除下圆盘的扭转振动之外的运动,三线摆仪上圆盘A可方便地绕O_1O_2轴做水平转动。测量时,先使下圆盘静止,然后转动上圆盘,通过三条等长悬线的张力使下圆盘随着做单纯的扭转振动。轻轻旋转启动盘,使下悬盘做

扭转摆动(摆角$<5°$)，记录10或20个周期的时间。

⑤由此计算出下悬盘的转动惯量J_0。

(4)测量悬盘加圆环的转动惯量J_1。

①在下悬盘上放上圆环并使它的中心对准悬盘中心。

②测量悬盘加圆环的扭转摆动周期T_1。

③测量并记录圆环质量M_1，圆环的内、外直径$D_{内}$和$D_{外}$。

④计算出悬盘加圆环的转动惯量J_1、圆环的转动惯量J_{M_1}。

(5)测量悬盘加圆盘的转动惯量J_3。

①在下悬盘上放上圆盘并使它的中心对准悬盘中心。

②测量悬盘加圆盘的扭转摆动周期T_3。

③测量并记录圆盘质量M_3、直径$D_{圆盘}$。

④计算出悬盘加圆环的转动惯量J_3、圆盘的转动惯量J_{M_3}。

(6)圆环和圆盘的质量接近，比较它们的转动惯量，可得出质量分布与转动惯量的关系。将测得的悬盘、圆环、圆盘的转动惯量值分别与各自的理论值比较，并计算出百分误差。

(7)验证平行轴定理。

①将两个相同的圆柱体按照下悬盘的刻线对称地放在悬盘上，相距一定的距离$2d=D_{槽}-D_{小柱}$。

②测量扭转摆动周期T_2。

③测量圆柱体的直径$D_{小柱}$、圆盘上刻线直径$D_{槽}$及圆柱体的总质量$2M_2$。

④计算出两圆柱体质心离O_1O_2轴距离均为d(即两圆柱体的质心间距为$2d$)时，它们对于O_1O_2轴的转动惯量J_2。

⑤由公式$J=\frac{1}{8}mD^2$计算出单个小圆柱体处于轴线上并绕其转动的转动惯量J_2。

⑥由公式$md^2=\frac{J'_2}{2}-J_2$计算出的d值和用长度仪器实测的d'值相比较，并计算百分误差。

六、数据记录处理

表 3.4.1 周期的测定

测量项目		圆盘质量 M_0	圆环质量 M_1	圆柱体总质量 $2M_2$	圆盘质量 M_3
摆动周期数 n		10	10	10	10
周期时间 t/s	1				
	2				
	3				
	4				
平均值 $\bar{t}$/s					
平均周期 $T_i=\bar{t}/n$(s)					

表 3.4.2 上、下圆盘几何参数及其间距

测量项目		D_1/ cm	H/ cm	a/ cm	b/ cm	$R=\frac{\sqrt{3}}{3}\bar{a}$/ cm	$r=\frac{\sqrt{3}}{3}\bar{b}$/ cm
次数	1						
	2						
	3						
平均值							

表 3.4.3 圆环、圆柱体几何参数

测量项目		$D_{内}$/ cm	$D_{外}$/ cm	$D_{圆盘}$/ cm	$D_{小柱}$/ cm	$D_{槽}$/ cm	$2d=D_{槽}-D_{小柱}$/ cm
次数	1						
	2						
	3						
平均值							

思考题

1. 试分析式(1)成立的条件。实验中应如何保证待测物体转轴始终和 O_1O_2 轴重合？

2. 将待测物体放到下圆盘（中心一致）测量待测转动惯量，其周期 T 一定比只有下圆盘时大吗？为什么？

（韩莲芳）

实验5　拉伸法测定金属丝的杨氏模量

力作用于物体所引起的效果之一是使受力物体发生形变，物体的形变可分为弹性形变和塑性形变。固体材料的弹性形变又可分为纵向、切变、扭转、弯曲，对于纵向弹性形变可以引入杨氏模量来描述材料抵抗形变的能力。杨氏模量是表征固体材料性质的一个重要的物理量，是工程设计上选用材料时常涉及的重要参数之一，一般只与材料的性质和温度有关，与其几何形状无关。

实验测定杨氏模量的方法很多，如拉伸法、弯曲法和振动法（前两种方法可称为静态法，后一种可称为动态法）。本实验采用静态拉伸法来测定金属丝的杨氏模量，本实验提供了一种测量微小长度的方法，即光杠杆法。光杠杆法可以实现非接触式的放大测量，直观、简便、精度高，因此常常被采用。

一、实验目的

(1)掌握用光杠杆测量微小长度变化的原理和方法，并了解其应用。

(2)掌握各种长度测量工具的选择和使用。

(3)学习用逐差法和作图法处理实验数据。

二、实验仪器

YMC-Ⅰ型杨氏模量测定仪（一套）、钢卷尺、米尺、螺旋测微计、重垂等。

杨氏模量测定仪如图3.5.1所示，三角底座上装有两根立柱和调整螺丝。可调整调整螺丝使立柱铅直，并由立柱下端的水准仪来判断。金属丝的上端夹紧在横梁上的夹头中，立柱的中部有一个可以沿立柱上下移动的平台，用来承托光杠杆。平台上有一个圆孔，孔中有一个可以上下滑动的夹头，金属丝的下端夹紧在夹头中。夹头下面有一个挂钩，挂有砝码托，用来放置拉伸金属丝的砝码。放置在平台上的光杠杆是用来测量微小长度变化的实验装置。

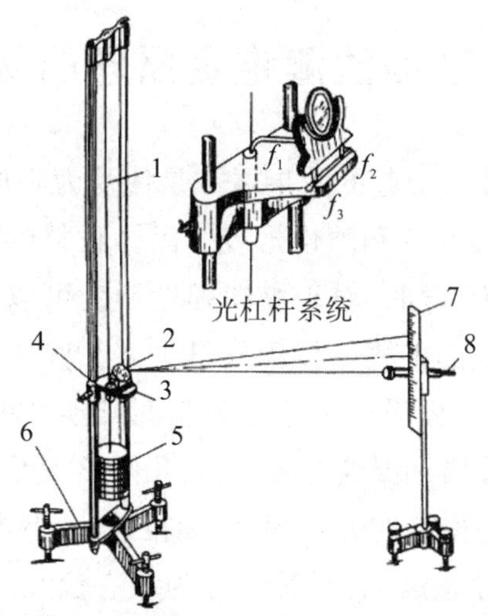

1. 金属丝　2. 光杠杆　3. 平台　4. 挂钩　5. 砝码　6. 三角底座
7. 标尺　8. 望远镜

图 3.5.1　杨氏模量测定仪结构图

三、实验原理

1. 杨氏模量

设金属丝的原长为 L，横截面积为 S，沿长度方向施力 F 后，其长度改变 ΔL，则金属丝单位面积上受到的垂直作用力 F/S 称为正应力，金属丝的相对伸长量 $\Delta L/L$ 称为线应变。实验结果指出，在弹性范围内，由胡克定律可知物体的正应力与线应变成正比，即

$$\frac{F}{S}=Y\frac{\Delta L}{L} \tag{1}$$

则

$$Y=\frac{F/S}{\Delta L/L} \tag{2}$$

式中，比例系数 Y 即为杨氏弹性模量，简称杨氏模量，它表征材料本身的性质，Y 越大的材料，要使它发生相对形变所需要的单位横截面积上的作用力也越大。一些常用材料的 Y 值如表 3.5.1 所示。Y 的国际单位制单位为帕斯卡，记为Pa（$1\ \text{Pa}=1\ \text{N/m}^2$，$1\ \text{GPa}=10^9\ \text{Pa}$）。

表 3.5.1　一些常用材料的杨氏模量

材料名称	钢	铁	铜	铝	铅	玻璃	橡胶
Y/GPa	192～216	113～157	73～127	约 70	约 17	约 55	约 0.0078

本实验测量的是钢丝的杨氏模量，如果钢丝直径为 d，则可得钢丝横截面积 S 为

$$S=\frac{\pi d^2}{4}$$

则(2)式变为

$$Y=\frac{4FL}{\pi d^2 \Delta L} \tag{3}$$

由此可见，只要测出(3)式中右边各量，就可计算出杨氏模量。式中，L(金属丝原长)可由米尺测量，d(钢丝直径)可用螺旋测微仪测量，F(外力)可由实验中钢丝下面悬挂的砝码的重力 $F=mg$ 求出，而 ΔL 是一个微小长度变化(在此实验中，当 $L\approx 1$ m 时，F 每变化 1 kg相应的 ΔL 约为 0.3 mm)。因此，本实验利用光杠杆的光学放大作用实现对钢丝微小伸长量 ΔL 的间接测量。

2. 光杠杆测量微小长度变化

光杠杆测量系统是由光杠杆与尺读望远镜组成的，如图 3.5.2(a)所示。光杠杆结构如图 3.5.2(b)所示，它实际上是附有三个尖足的平面镜，三个尖足的边线为一等腰三角形，前两足刀口与平面镜在同一平面内(平面镜俯仰方位可调)，后足在前两足刀口的中垂线上。尺读望远镜由一把竖立的毫米刻度尺和在尺旁的一个望远镜组成。尺读望远镜装置如图 3.5.3 所示，它由一个与被测量长度变化方向平行的标尺和尺旁的望远镜组成，望远镜由目镜、物镜、镜筒、分划板和调焦手轮构成。望远镜镜筒内的分划板上有上下对称两条水平刻线——视距线，测量时，望远镜水平地对准光杠杆镜架上的平面反射镜，经光杠杆平面镜反射的标尺虚像又成实像于分划板上，从两条视距线上可读出标尺像上的读数。

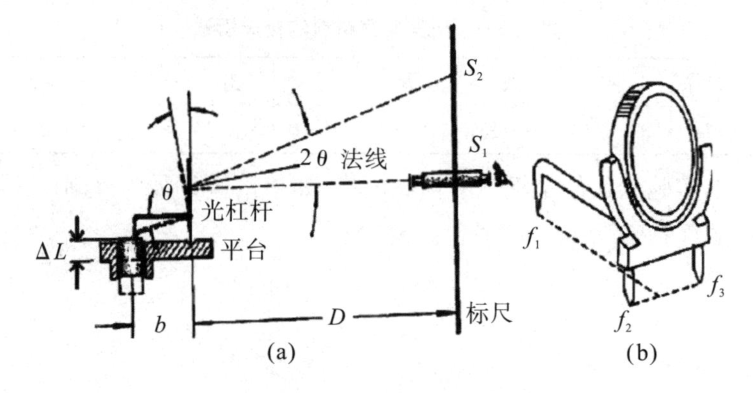

图 3.5.2　光杠杆测量系统

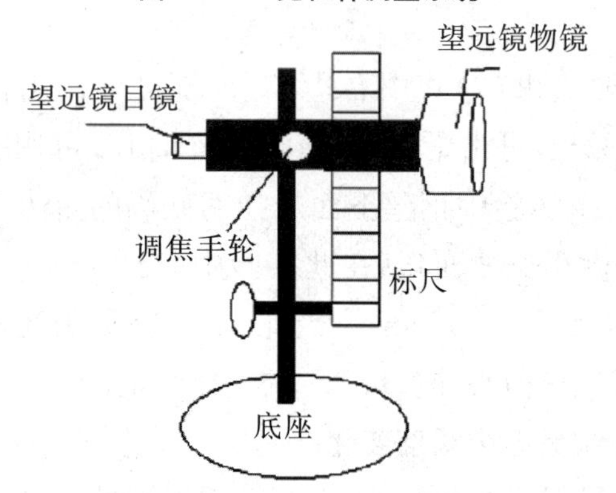

图 3.5.3　尺读望远镜结构图

将光杠杆和尺读望远镜按图 3.5.2 所示放置好，按仪器调节顺序调节好全部装置后，将会在望远镜中看到经由光杠杆平面镜反射的标尺像。设开始时，光杠杆的平面镜竖直，即镜面法线在水平位置，在望远镜中恰能看到望远镜处标尺刻度 S_1 的像。当挂上重物使细钢丝受力伸长后，光杠杆的后脚尖 f_1 随之绕后脚尖 f_2f_3 下降 ΔL，光杠杆平面镜转过一较小角度 θ，法线也转过同一角度 θ。根据反射定律，从 S_1 处发出的光经过平面镜反射到 S_2（S_2 为标尺某一刻度）。由光路可逆性，从 S_2 发出的光经平面镜反射后将进入望远镜中被观察到。记 $S_2-S_1=\Delta n$，由图 3.5.2 可知

$$\tan\theta=\frac{\Delta L}{b},\tan\theta=\frac{\Delta n}{D}$$

式中，b 为光杠杆常数（光杠杆后脚尖至前脚尖连线的垂直距离）；D 为光杠杆镜面至尺读望远镜标尺的距离。

由于偏转角度θ很小，即$\Delta L \ll b$，$\Delta n \ll D$，所以近似地有

$$\theta \approx \frac{\Delta L}{b}, 2\theta \approx \frac{\Delta n}{D}$$

则

$$\Delta L = \frac{b}{2D} \cdot \Delta n \tag{4}$$

由上式可知，微小变化量ΔL可通过较易准确测量的b、D、Δn间接求得。

实验中，取$D \gg b$，光杠杆的作用是将微小长度变化ΔL放大为标尺上的相应位置变化Δn，ΔL则被放大了$\frac{2D}{b}$倍。

将式(3)、式(4)代入式(2)，有

$$Y = \frac{8LD}{\pi d^2 b} \frac{F}{\Delta n} \tag{5}$$

通过上式便可计算出杨氏模量Y。

四、实验注意事项

(1)实验系统调好后，一旦开始测量n_i，在实验过程中绝对不能对系统的任一部分进行任何调整；否则，所有数据将重新再测。

(2)加减砝码时，要轻拿轻放，并使系统稳定后才能读取刻度尺刻度n_i。

(3)注意保护平面镜和望远镜，不能用手触摸镜面。

(4)待测钢丝不能扭折，如果严重生锈和不直必须更换。

(5)实验完成后，应将砝码取下，防止钢丝疲劳。

(6)光杠杆主脚不能接触钢丝，不要靠在圆孔边，也不要放在夹缝中。

五、实验内容及步骤

1. 杨氏模量测定仪的调整

(1)调节杨氏模量测定仪三角底座上的调整螺钉，使支架、细钢丝铅直，且使平台水平。

(2)将光杠杆放在平台上，两前脚放在平台前面的横槽中，后脚

放在钢丝下端的夹头上适当位置，不能与钢丝接触，不要靠着圆孔边，也不要放在夹缝中。

2. 光杠杆及望远镜镜尺组的调整

(1)将望远镜放在离光杠杆镜面为 1.5～2.0 m 处，并使二者在同一高度。调整光杠杆镜面与平台面垂直，与望远镜成水平，并与标尺竖直，望远镜应水平对准平面镜中部。

(2)调整望远镜。

①移动标尺架、微调平面镜的仰角及改变望远镜的倾角，使得通过望远镜筒上的准心往平面镜中观察，以便能看到标尺的像；

②调整目镜至能看清镜筒中叉丝的像；

③慢慢调整望远镜右侧物镜调焦旋钮直到能在望远镜中看见清晰的标尺像，并使望远镜中的标尺刻度线的像与叉丝水平线的像重合；

④消除视差。眼睛在目镜处微微上下移动，如果叉丝的像与标尺刻度线的像出现相对位移，应重新微调目镜和物镜，直至消除为止。

(3)试加 8 个砝码，从望远镜中观察是否看到刻度（估计一下满负荷时标尺读数是否够用），若无，应将刻度尺上移至能看到刻度，调好后取下砝码。

3. 测量(采用等增量测量法)

(1)加减砝码。先逐个加砝码，共 8 个。每加一个砝码(1 kg)，记录一次标尺的位置 n_i；然后依次减砝码，每减一个砝码，记下相应的标尺位置 n_i'(所记 n_i 和 n_i'分别应为偶数个)。

(2)测钢丝原长 L。用钢卷尺或米尺测出钢丝原长(两夹头之间部分)L。

(3)测钢丝直径 d。在钢丝上选不同部位及方向，用螺旋测微计测出其直径 d，重复测量三次，取平均值。

(4)测量并计算 D。从望远镜目镜中观察，记下分划板上的上下叉丝对应的刻度，根据望远镜放大原理，利用下丝读数之差，乘以视距常数 100，即为望远镜的标尺到平面镜的往返距离，即 $2D$。

(5)测量光杠杆常数 b。取下光杠杆在展开的白纸上同时按下三个尖脚的位置，用直尺作出光杠杆后脚尖到两前脚尖连线的垂线，再用米尺测出 b。

六、实验数据处理

(1)金属丝的原长 $L=$__________，光杠杆常数 $b=$__________，光杠杆镜面至尺读望远镜标尺的距离 $D=$__________。

(2)将表 3.5.2 填写完整。

表 3.5.2 测钢丝直径数据

序号	1	2	3	平均值
直径 d/mm				

(3)将表 3.5.3 填写完整。

表 3.5.3 记录加外力后标尺的读数

次数	拉力 F (kg)	标 尺 读 数 (mm)		$\bar{n}_i=\frac{1}{2}(n_i+n_i')$(mm)
		加砝码 n_i	减砝码 n_i'	
1	1.00			
2	2.00			
3	3.00			
4	4.00			
5	5.00			
6	6.00			
7	7.00			
8	8.00			

其中，n_i 是每次加 1 kg 砝码后标尺的读数，$\overline{n_i}=\frac{1}{2}(n_i+n_i')$(两者的平均)。

(4)用逐差法处理数据。

本实验的直接测量量是等重量变化的多次测量，故采用逐差法处理数据。

计算出每增加一个 1 kg 的钢丝长度变化量的平均值 $\overline{\Delta n}=\frac{1}{n}\sum_i \Delta n_i$，

并利用计算公式 $Y=\frac{8LDmg}{\pi d^2 b\overline{\Delta n}}$(N/m^2)计算出钢丝的杨氏模量。

思考题

1. 材料相同、粗细长度不同的两根钢丝，它们的杨氏模量是否相同？

2. 为什么要使钢丝处于伸直状态？如何保证？

3. 光杠杆镜尺法有何优点？怎样提高测量微小长度变化的灵敏度？

4. 简述光杠杆的放大原理。

(黄　海)

实验6　声速的测量

一、实验目的

(1)学习测量超声波在空气中传播速度的方法。

(2)加深对驻波和振动合成等理论知识的理解。

(3)了解压电换能器的功能和培养综合使用仪器的能力。

二、实验仪器

声速测量仪,示波器,信号发生器。

三、实验原理

声波是一种在弹性媒质中传播的机械波,振动频率在20～20000 Hz的声波称为可闻声波,频率低于20 Hz的声波称为次声波,频率高于20000 Hz的声波称为超声波。声波的波长、频率、强度、传播速度等是声波的特性。对这些量的测量是声学技术的重要内容。如声速的测量在声波定位、探伤、测距中有着广泛的应用。测量声速最简单的方法之一是利用声速与振动频率 f 和波长 λ 之间的关系(即 $v=f\lambda$)来进行的。

由于超声波具有波长短、能定向传播等特点,所以在超声波段进行声速测量是比较方便的,本实验就是测量超声波在空气中的传播速度。超声波的发射和接收一般通过电磁振动与机械振动的相互转换来实现,最常见的是利用压电效应和磁致伸缩效应。在实际应用中,对于超声波测距、定位测液体流速、测材料弹性模量、测量气体温度的瞬间变化等方面,超声波传播速度都有重要意义。

声速 v、声源振动频率 f 和波长 λ 之间的关系为

$$v = f\lambda$$

可见,只要测得声波的频率 f 和波长 λ,就可求得声速 v,其中声波频率 f 可通过频率计测得。本实验就是用驻波法来测量声波波长 λ 的。

按照波动理论,发生器发出的平面声波经介质到接收器,若接

收面与发射面平行,声波在接收面处就会被垂直反射,于是平面声波在两端面间来回反射并叠加。当接收端面与发射端间的距离恰好等于半波长的整数倍时,叠加后的波就形成驻波。此时相邻两波节(或波腹)间的距离等于半个波长(即 $\lambda/2$)。当发生器的激励频率等于驻波系统的固有频率(本实验中压电陶瓷的固有频率)时,会产生驻波共振,波腹处的振幅达到最大值。

声波是一种纵波。由纵波的性质可以证明,驻波波节处的声压最大。当发生共振时,接收端面处为一波节,接收到的声压最大,转换成的电信号最强。移动接收器到某个共振位置时,如果示波器上出现了最强的信号,继续移动接收器,再次出现最强的信号时,则两次共振位置之间的距离即为 $\lambda/2$。

四、实验内容及步骤

(1)按图 3.6.1 连接电路,使 S_1 和 S_2 靠近并留有适当的空隙,并且使两端面平行且与游标尺正交。

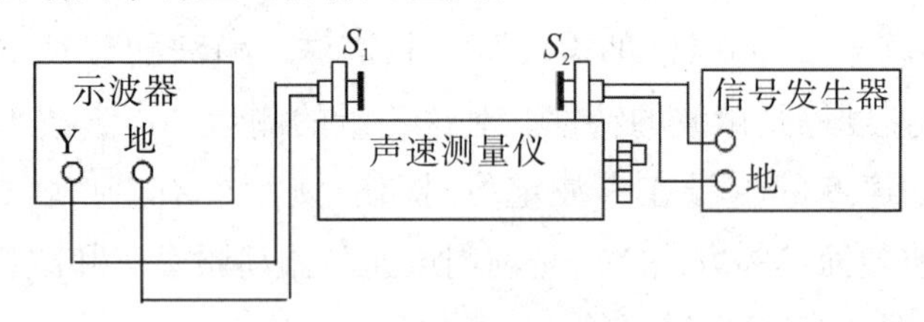

图 3.6.1　驻波法测声速实验装置图

(2)根据实验室给出的压电陶瓷换能片的振动频率 f,将信号发生器的输出频率调至 f 附近,缓慢移动 S_2,当在示波器上看到正弦波首次出现振幅较大处,固定 S_2,再仔细微调信号发生器的输出频率,使荧光屏上图形振幅达到最大,读出共振频率 f。

(3)在共振条件下,将 S_2 移近 S_1,再缓慢移开 S_2,当示波器上出现振幅最大时,记下 S_2 的位置 L_0。

(4)由近及远移动 S_2,逐次记下各振幅最大时 S_2 的位置为 L_1、L_2、…、L_{10},共测 10 个以上。

(5)用逐差法计算出声波波长的平均值。

五、实验数据处理

位置	L_0	L_1	L_2	L_3	L_4	L_5	L_6	L_7	L_8	L_9	L_{10}
读数											
半波长($L_{n+1}-L_n$)											

共振频率为：________，波长 $\lambda=$________，声速 $v=$________。

思考题

1. 用逐差法处理数据的优点是什么？

2. 如何调节与判断测量系统是否处于共振状态？

3. 为什么在共振状态下测定声速？

（赵　艳）

实验7　常用电子仪器介绍

在电子测量中，经常用到直流稳压电源、信号源、示波器、频率计、交流毫伏表以及万用表等电子仪器。在本实验中，我们主要介绍模拟示波器和函数信号发生器。

一、实验目的

（1）了解模拟示波器、函数信号发生器的基本原理。

（2）掌握模拟示波器、函数信号发生器的正确使用方法。

二、实验仪器

GOS6021模拟示波器1台；SG1639函数信号发生器1台；相关配件若干。

三、实验原理

1. 模拟示波器

示波器是一种电信号显示与测量仪器，它不但可以直接显示电信号随时间变化的波形及其变化过程，测量出电信号的幅度、频率、脉宽和相位差等，还能观察电信号的非线性失真，测量调制信号的参数等。另外，配合各种传感器，示波器还能进行各种非电信号参数的测量。

模拟示波器的基本结构框图如图3.7.1所示。它由垂直系统（Y轴信号通道）、水平系统（X轴信号通道）、示波管及其电路和电源等组成。

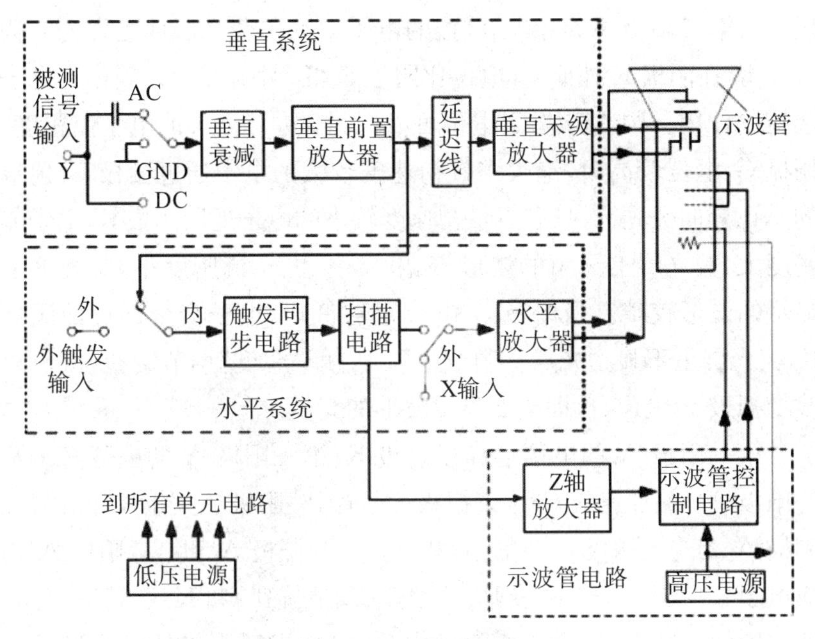

图 3.7.1 模拟示波器结构框图

示波管是用以将被测电信号转变为光信号而显示的一种光电转换器件，它主要由电子枪、偏转系统和荧光屏三部分组成，其结构示意图如图 3.7.2 所示。

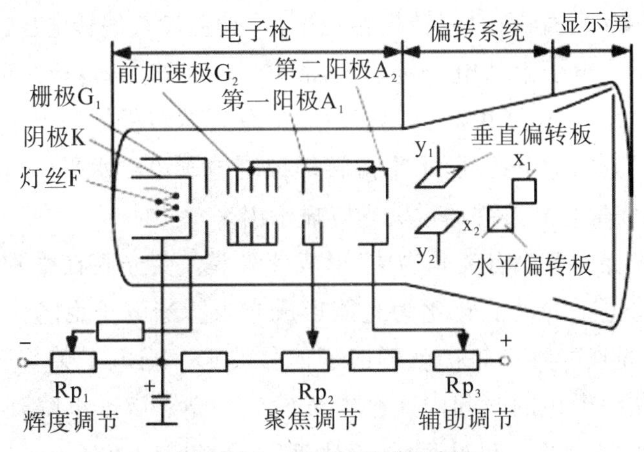

图 3.7.2 示波管结构示意图

电子枪由灯丝 F、阴极 K、栅极 G_1、前加速极 G_2、第一阳极 A_1 和第二阳极 A_2 组成。阴极 K 是一个表面涂有氧化物的金属圆筒，灯丝 F 装在圆筒内部，灯丝通电后加热阴极 K，使其发热并发射电子，经栅极 G_1 顶端的小孔、前加速极 G_2 圆筒内的金属限制膜片、第一阳

极 A_1、第二阳极 A_2 汇聚成可控的电子束冲击荧光屏使之发光。栅极 G_1 套在阴极 K 外面，其电位比阴极 K 低，对阴极 K 发射出的电子起控制作用。调节栅极 G_1 电位可以控制射向荧光屏的电子流密度。栅极 G_1 电位较高时，绝大多数初速度较大的电子通过栅极 G_1 顶端的小孔奔向荧光屏，只有少量初速度较小的电子返回阴极 K，电子流密度大，荧光屏上显示的波形较亮；反之，电子流密度小，荧光屏上显示的波形较暗。当栅极 G_1 电位足够低时，电子会全部返回阴极 K，荧光屏上不显示光点。调节电阻 R_{p1} 即“辉度”调节旋钮，就可以改变栅极 K 电位，也即改变显示波形的亮度。

第一阳极 A_1 的电位远高于阴极 K，第二阳极 A_2 的电位高于第一阳极 A_1，前加速极 G_2 位于栅极 G_1 与第一阳极 A_1 之间，且与第二阳极 A_2 相连。栅极 G_1、前加速极 G_2、第一阳极 A_1 和第二阳极 A_2 构成电子束控制系统。调节 R_{p2}(“聚焦”调节旋钮)和 R_{p3}(“辅助聚焦”调节旋钮)，即第一、第二阳极的电位，可使发射出来的电子形成一条高速且聚集成细束的射线，冲击到荧光屏上会聚成细小的亮点，以保证显示波形的清晰度。

偏转系统由水平(X 轴)偏转板和垂直(Y 轴)偏转板组成。两对偏转板相互垂直，每对偏转板相互平行，其上加有偏转电压，形成各自的电场。电子束从电子枪射出后，依次从两对偏转板之间穿过，受电场力作用，电子束产生偏移。其中垂直偏转板控制电子束沿垂直(Y 轴)方向上下运动，水平偏转板控制电子束沿水平(X 轴)方向运动，形成信号轨迹并通过荧光屏显示出来。

荧光屏内壁涂有荧光物质，形成荧光膜。荧光膜在受到电子冲击后能将电子的动能转化为光能形成光点。当电子束随信号电压偏转时，光点的移动轨迹就形成了信号波形。当电子束移开后，荧光物质在一个短的时间内还会继续发光。亮点辉度下降到原始值的 10%所经过的时间叫做“余辉时间”。余辉时间短于 10 μs 为极短余辉，0.01～1 ms 为短余辉，0.001～0.1 s 为中余辉，0.1～1 s 为长余辉，大于 1 s 为极长余辉。一般的示波器配备中余辉示波管，高频示波器选用短余辉，低频示波器选用长余辉。由于所用磷光材料不同，荧光屏上能发出不同颜色的光。一般示波器多采用发绿光的示波管，以保护人的眼睛。

在荧光屏的内表面用刻画或腐蚀的方法刻画出许多水平和垂直的直线形成网络，称为标尺。有的标尺线又进一步分成小格，并且还标明特别线，方便测量。

由于电子打在荧光屏上，仅有少部分能量转化为光能，大部分则变成热能。所以，使用示波器时，不能将光点长时间停留在某一处，以免烧坏该处的荧光物质，在荧光屏上留下不能发光的暗点。

波形显示的原理是：电子束的偏转量与加在偏转板上的电压成正比。将被测正弦电压加到垂直（Y轴）偏转板上，通过测量偏转量的大小就可以测出被测电压值。但由于水平（X轴）偏转板上没有加偏转电压，电子束只会沿Y轴方向上下垂直移动，光点重合成一条竖线，无法观察到波形的变化过程。为了观察被测电压的变化过程，就要同时在水平（X轴）偏转板上加一个与时间呈线性关系的周期性的锯齿波。电子束在锯齿波电压作用下沿X轴方向匀速移动即“扫描”。在垂直（Y轴）和水平（X轴）两个偏转板电压的共同作用下，电子束在荧光屏上显示出波形的变化过程，其过程如图3.7.3所示。

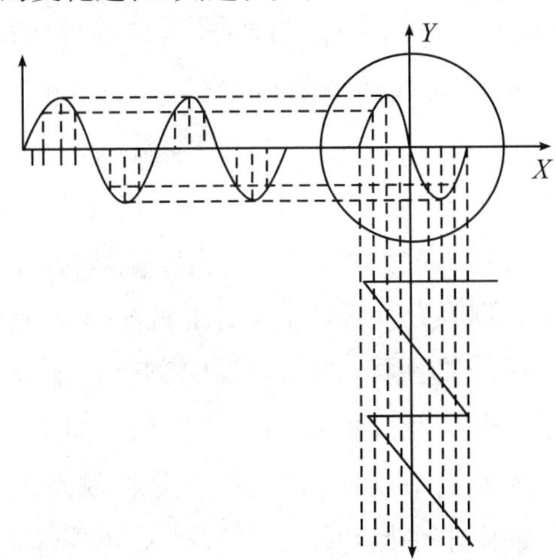

图3.7.3 模拟示波器波形显示原理图

水平偏转板上所加的锯齿波电压称为扫描电压。当被测信号的周期与扫描电压的周期相等时，荧光屏上只显示一个正弦波。当扫描电压的周期是被测电压周期的整数倍时，荧光屏上将显示多个正弦波。示波器上的“扫描时间”旋钮就是用来调节扫描电压周期的。

水平系统结构框图如图3.7.4所示，其主要作用是：产生锯齿波扫描电压并保持与Y通道输入被测信号同步，放大扫描电压或外触发信号，产生增辉或消隐作用以控制示波器Z轴电路。

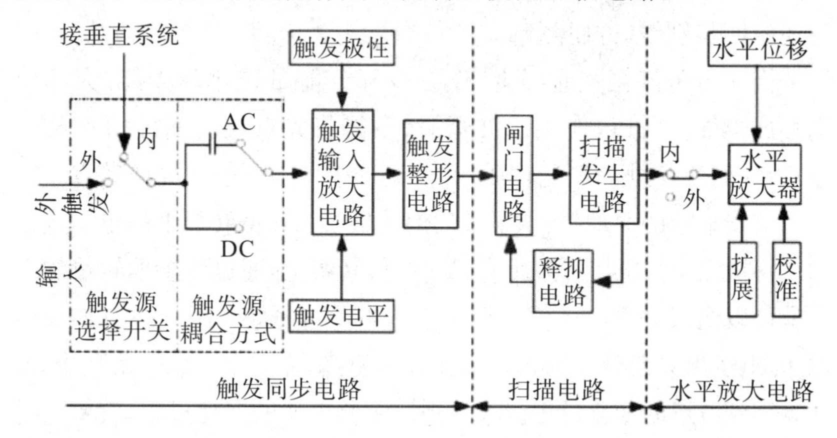

图3.7.4 水平系统结构框图

触发同步电路的主要作用：将触发信号（内部Y通道信号或外触发输入信号）经触发放大电路放大后，送到触发整形电路以产生前沿陡峭的触发脉冲，驱动扫描电路中的闸门电路。“触发源”选择开关：用来选择触发信号的来源，使触发信号与被测信号相关。“内触发”：触发信号来自垂直系统的被测信号；“外触发”：触发信号来自示波器“外触发输入（EXT TRIG）”端的输入信号。一般选择“内触发”方式。“触发源耦合”方式开关：用于选择触发信号通过何种耦合方式送到触发输入放大器。“AC”为交流耦合，用于观察低频到较高频率的信号；“DC”为直波耦合，用于观察直流或缓慢变化的信号。触发极性选择开关：用于选择触发时刻是在触发信号的上升沿还是下降沿。用上升沿触发的称为正极性触发；用下降沿触发的称为负极性触发。触发电平旋钮：触发电平是指触发点位于触发信号的什么电平上。触发电平旋钮用于调节触发电平高低。

示波器上的触发极性选择开关和触发电平旋钮是用来控制波形的起始点并使显示的波形稳定。

扫描电路主要由扫描发生器、闸门电路和释抑电路等组成。扫描发生器用来产生线性锯齿波。闸门电路的主要作用是在触发脉冲作用下，产生急升或急降的闸门信号，以控制锯齿波的始点和终点。释抑电路的作用是控制锯齿波的幅度，达到等幅扫描，保证扫描的稳定性。

水平放大器的作用是进行锯齿波信号的放大或在X—Y方式下对X轴输入信号进行放大，使电子束产生水平偏转。工作方式选择开关：选择“内”，X轴信号为内部扫描锯齿波电压时，荧光屏上显示的波形是时间T的函数，称为“X—T”工作方式；选择“外”，X轴信号为外输入信号，荧光屏上显示水平、垂直方向的合成图形，称为“X—Y”工作方式。“水平位移”旋钮：用来调节水平放大器直流电平，以使荧光屏上显示的波形水平移动。“扫描扩展”开关：该开关可改变水平放大电路的增益，使荧光屏水平方向单位长度（格）所代表的时间缩小为原来的1/k。

垂直系统主要由输入耦合选择器、衰减器、延迟电路和垂直放大器等组成，如图3.7.1所示。其作用是将被测信号送到垂直偏转板，以再现被测信号的真实波形。输入耦合选择器是选择被测信号进入示波器垂直通道的耦合方式。“AC”（交流耦合）：只允许输入信号的交流成分进入示波器，用于观察交流和不含直流成分的信号；“DC”（直流耦合）：输入信号的交、直流成分都允许通过，适用于观察含直流成分的信号或频率较低的交流信号以及脉冲信号；“GND”（接地）：输入信号通道被断开，示波器荧光屏上显示的扫描基线为零电平线。衰减器用来衰减输入信号的幅度，以保证垂直放大器输出不失真。示波器上的“垂直灵敏度”开关即为该衰减器的调节旋钮。垂直放大器为波形幅度的微调部分，其作用是与衰减器配合，将显示的波形调到适宜于人观察的幅度。延迟电路的作用是使作用于垂直偏转板上的被测信号延迟到扫描电压出现后到达，以保证输入信号无失真地显示。

双踪示波器显示则是利用电子开关将Y轴输入的两个不同的被测信号分别显示在荧光屏上。由于人眼的视觉暂留作用，当转换频率高到一定程度后，看到的是两个稳定的、清晰的信号波形。示波器中往往有一个精确稳定的方波信号发生器，供校验示波器用。

模拟示波器的调整和使用方法基本相同。下面以GOS6021示波器为例进行介绍。

GOS6021 示波器的前面板如图 3.7.5 所示。

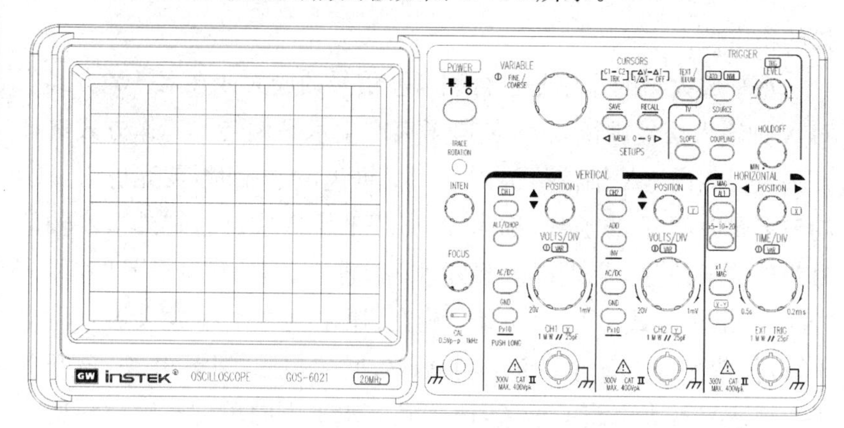

图 3.7.5　GOS6021 示波器前面板

显示器控制钮调整屏幕上的波形和提供探棒补偿的信号源，相关按钮如图 3.7.6 所示。

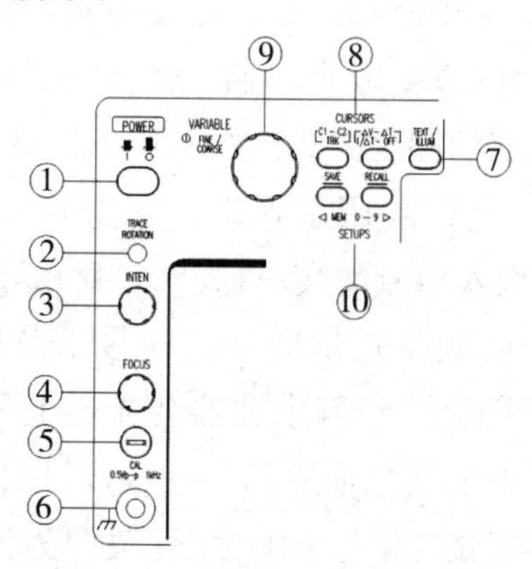

图 3.7.6　显示控制相关操作按钮

①POWER：当电源接通时，LED 全部会亮，一会儿以后，一般的操作程序会显示，然后执行上次开机前的设定，LED 显示进行中的状态。

②TRACE ROTATION：TRACE ROTATION 是使水平轨迹与刻度线成平行的调整钮。

③INTEN：该控制钮用于调节波形轨迹亮度，顺时针方向调整增加亮度，反时针方向减低亮度。

④FOCUS：轨迹和光标读出的聚焦控制钮。

⑤CAL：该端子输出一个 0.5Vp－p、1 kHz 的参考信号，为探棒使用。

⑥Ground socket：香蕉接头连接安全的地线。该接头可作为直流的参考电位和低频信号的测量。

⑦TEXT/ILLUM：具有双重功能的控制钮。该按钮用于选择TEXT读值亮度功能和刻度亮度功能。以“TEXT”或“ILLUM”标示在荧光屏右上角。

⑧光标量测功能(CURSORS MEASUREMENT FUNCTION)有两个按钮和VARIABLE控制钮有关。

▽V－▽T－1/▽T－OFF按钮：当该按钮按下时，三个测量功能将以下面的次序选择。

▽V：出现两个水平光标，根据VOLTS/DIV的设置，可计算两条光标之间的电压。▽V显示在CRT上部。

▽T：出现两个垂直光标，根据TIME/DIV设置，可计算出两条垂直光标之间的时间。▽T显示在CRT上部。

1/▽T：出现两个垂直光标，根据TIME/DIV设置，可计算出两条垂直光标之间时间的倒数，显示在CRT上部。

C1－C2—TRK按钮：光标1，光标2，轨迹可由该按钮选择，按下该按钮将以下面次序选择光标。

C1：使光标1在CRT上移动。

C2：使光标2在CRT上移动。

TRK：同时移动光标1和2，保持两个光标的间隔不变(两个符号都被显示)。

⑨VIRABLE：通过旋转或按VARIABLE按钮，可以设定光标位置、TEXT/ILLUM功能。

在光标模式中，按VARIABLE控制按钮可以在FINE(细调)和COARSE(粗调)之间选择光标位置，如果旋转VARIABLE，选择FINE调节，光标移动得慢，选择COARSE光标移动得快。

在TEXT/ILLUM模式，这个控制按钮用于选择TEXT亮度和刻度亮度。

⑩◀MEM0－9▶SAVE/RECALL：该仪器包含10组稳定的记忆器，可用于储存和呼叫所有电子式的选择按钮的设定状态。

按◀或▶钮选择记忆位置，此时“M”字母后0～9之间数字，显示存储位置。

每按一下▶，储存位置的号码会一直增加，直到数字9。按◀钮则一直减小到0为止。按住SAVE约3秒钟将状态存贮到记忆器，并显示“SAVE”信息。

呼叫前板的设定状态。如上述方式选择呼叫记忆器，按住RECALL按钮3秒钟，即可呼叫先前设定状态。并显示“RECALL”的信息。

垂直控制按钮选择输出信号及控制幅值。垂直控制相关按钮如图3.7.7。

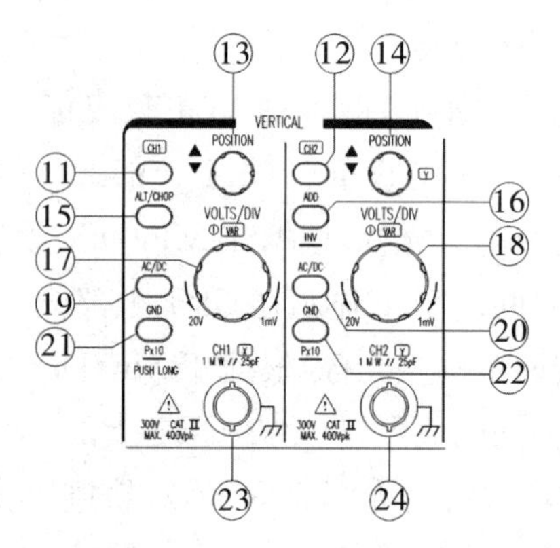

图3.7.7 垂直控制相关按钮

⑪CH1：通道1按钮。

⑫CH2：通道2按钮。

快速按下CH1(CH2)按钮，通道1(通道2)处于导通状态，偏转系数将以读值方式进行显示。

⑬CH1 POSITION：通道1的垂直波形定位控制按钮。

⑭CH2 POSITION：通道2的垂直波形定位控制按钮。

通道1和2的垂直波形定位可用这两个旋钮来设置。X－Y模式中，CH2 POSITION可用来调节Y轴信号偏转灵敏度。

⑮ALT/CHOP：该按钮有多种功能，只有两个通道都开启后，才有作用。ALT：在读出装置显示交替通道的扫描方式。在仪器内部每一时基扫描后，切换至CH1或CH2，反之亦然。CHOP：切割模式的显示。每一扫描期间，不断于CH1和CH2之间作切割扫描。

⑯ADD/INV：该按钮具有双重功能。ADD：读出装置显示“＋”号表示相加模式。输入信号相加或是相减的显示由相位关系和

INV 的设定决定，两个信号将成为一个信号显示。为使测试正确，两个通道的偏向系数必须相等。INV：按住该按钮一段时间，设定 CH2 反向功能的开/关。反向功能会使 CH2 信号反向 180°显示。

⑰CH1 VOLTS/DIV：CH1 的控制按钮，有双重功能。

⑱CH2 VOLTS/DIV：CH2 的控制按钮，有双重功能。

顺时针方向调整旋钮，以 1—2—5 顺序增加灵敏度，反时针则减小。档位从 1mV/DIV 到 20V/DIV。如果关闭通道，该控制按钮自动不动作。使用中通道的偏向系数和附加资料都显示在读出装置上。

VAR：按住该按钮一段时间选择 VOLTS/DIV 作为衰减器或作为调整的功能。开启 VAR 后，以>符号显示，反时针旋转该按钮以减低信号的高度，且偏向系数成为非校正条件。

⑲CH1 AC/DC

⑳CH2 AC/DC

这两个按钮是切换交流（～的符号）或直流（＝的符号）的输入耦合。该设定及偏向系数显示在读出装置上。

㉑CH1 GND/Px10

㉒CH2 GND/Px10

这两个按钮具有双重功能。GND：按一下该按钮，使垂直放大器的输入端接地。Px10：按一下该按钮一段时间，取 1∶1 和 10∶1 之间的读出装置的通道偏向系数，10∶1 的电压的探棒以符号表示在通道前（如："P10"，CH1），在进行光标电压测量时，会自动包括探棒的电压因素。

㉓CH1－X：输入 BNC 插座。该 BNC 插座是作为 CH1 信号的输入，在 X－Y 模式，该输入信号是位 X 轴偏移，为安全起见，该端子外部接地端直接连到仪器接地点，而此接地端也是连接到电源插座。

㉔CH2－Y：输入 BNC 插座。该 BNC 插座是作为 CH2 信号的输入。在 X－Y 模式信号是为 Y 轴的偏移，为安全起见，此端子接地端也连到电源插座。

水平控制可选择时基操作模式和调节水平刻度，位置和信号的扩展。水平系统相关操作按钮如图 3.7.8 所示。

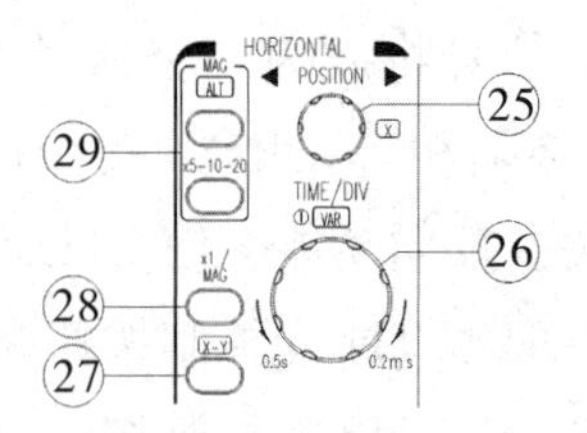

图 3.7.8　水平系统相关操作按钮

㉕H POSITION：该控制按钮可将信号以水平方向移动，与MAG功能合并使用，可移动屏幕上任何信号。在X－Y模式中，控制按钮调整X轴偏转灵敏度。

㉖TIME/DIV VAR：控制旋钮。以1－2－5的顺序递减时间偏向系数，反方向旋转则递增其时间偏向系数。时间偏向系数会显示在读出装置上。在主时基模式时，如果MAG不动作，可在0.5S/DIV和0.2US/DIV之间选择以1－2－5的顺序的时间常数偏向系数。VAR：按住该按钮一段时间选择TIME/DIV控制钮为时基或可调功能，打开VAR后，时间的偏向系数是校正的。反时针方向旋转TIME/DIV以增加时间偏转系数（降低速度），偏向系数为非校正的，目前的设定以"＞"符号显示在读出装置中。

㉗X－Y：按住该按钮一段时间，仪器可作为X－Y示波器用。X－Y符号将取代时间偏向系数显示在读出装置上。在这个模式中，CH1输入端加入X（水平）信号，CH2输入端加入Y（垂直）信号。Y轴偏向系数范围为少于1 mV到20 V/DIV，带宽为500 kHz。

㉘×1/MAG：按下该按钮，将在×1（标准）和MAG（放大）之间选择扫描时间，信号波形将会扩展（如果用MAG功能），因此，仅一部分信号波形将被看见，调整H POSITION可以看到信号中要看到的部分。

㉙MAG FUNCTION（放大功能）/x5－10－20 MAG：当处于放大模式时，波形向左右方向扩展，显示在屏幕中心。有三个档次的放大率x5－10－20 MAG。按MAG钮可分别选择。

ALT MAG：按下该按钮，可以同时显示原始波形和放大波形。放大扫描波形在原始波形下面3DIV（格）距离处。

触发控制决定两个信号及双轨迹的扫描起点。触发控制相关操作按钮如图3.7.9所示。

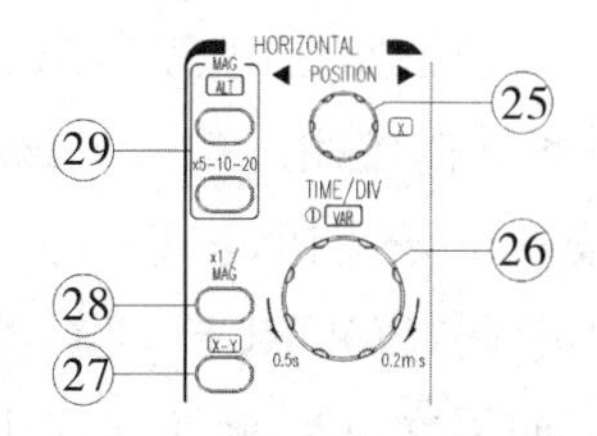

图 3.7.9 触发控制相关操作按钮

㉚ATO/NML一按钮及指示 LED:该按钮选择自动或一般触发模式,LED 会显示实际的设定。选择自动模式(ATO),如果没有触发信号,时基线会自动扫描轨迹,只有 TRIGGER LEVEL 控制按钮被调整到新的电平设定时触发电平才会改变。NML(NORMAL)为选取一般模式,当 TRIGGER LEVEL 控制按钮设定在信号峰值之间的范围有足够的触发信号,输入信号会触发扫描,当信号未被触发,就不会显示时基线轨迹。当使同步信号变成低频信号时,使用这一模式。

㉛SOURCE:该按钮选择触发信号源,实际的设定由直读显示。当按钮按下时,触发源按下列顺序改变:VERT—CH1—CH2—LINE—EXT—VERT。

VERT(垂直模式):为了观察两个波形,同步信号将随着 CH1 和 CH2 上的信号轮流改变。

CH1:触发信号源,来自 CH1 的输入端。

CH2:触发信号源,来自 CH2 的输入端。

LINE:触发信号源,从交流电源取样波形获得。对显示与交流电源频率相关的波形极有帮助。

EXT:触发信号源从外部连接器输入,作为外部触发源信号。

㉜TV:视频同步信号按钮。从混合波形中分离出视频同步信号,直接连接到触发电路,由 TV 按钮选择水平或混合信号,当前设定以(SOURSE,VIDEO,POLARITY,TVV 或者 TVH)显示。当按钮按下时视频同步信号按下列次序改变。TV－V—TV－H—OFF—TV－V。

TV－V:主轨迹始于视频图场的开端。Slope 的极性必须配合复合视频信号的极性以便触发 TV 信号场的垂直同步脉冲。

TV－H:主轨迹始于视频图线的开端。Slope 的极性必须配合复合视频信号的极性。以便触发在电视图场的水平同步脉冲。

㉝SLOPE：触发斜率选择按钮。按一下该按钮选择信号的触发斜率以产生时基。每按一下该按钮，斜率方向会从下降缘移动到上升缘，反之亦然。该设定在“SOURCE，SLOPE，COUPLING”状态下显示在读出装置上。如果在TV触发模式中，只有同步信号是负极性，才可同步。符号显示在读出装置上。

㉞COUPLING：按下该按钮选择触发耦合，实际的设定由读出显示。每次按下此钮，触发耦合按下列次序改变AC—HFR—LFR—AC。

AC：将触发信号衰减到频率在20 Hz以下，阻断信号中的直流部分，交流耦合对有大的直流偏移的交流波形的触发很有帮助。

HFR（High Frequency Reject）：将触发信号中50 kHz以上的高频部分衰减，HFR耦合提供低频成分复合波形的稳定显示，并对除去触发信号中干扰有帮助。

LFR（Low Frequency Reject）：将触发信号中30 kHz以下的低频部分衰减，并阻断直流成分信号。LFR耦合提供高频成分复合波形的稳定显示，并对除去低频干扰或电源杂音干扰有帮助。

㉟TRIG GER LEVEL：带有TRG，LED的控制按钮。旋转控制按钮可以输入一个不同的触发信号（电压），设定在适合的触发位置，开始波形触发扫描。触发电平的大约值会显示在读出装置上。顺时针调整控制钮，触发点向触发信号正峰值移动，反时针则向负峰值移动，当设定值超过观测波形的变化部分，稳定的扫描将停止。

TRG LED：如果触发条件符合时，TRG LED亮，触发信号的频率决定LED是亮还是闪烁。

㊱HOLD OFF：控制按钮。当信号波形复杂，使用TRIGGER LEVEL不可获得稳定的触发，旋转该按钮可以调节HOLD—OFF时间（禁止触发周期超过扫描周期）。当该按钮顺时针旋转到头时，HOLD—OFF周期最小，反时针旋转时，HOLD—OFF周期增加。

㊲EXT TRIG：外部触发信号的输入端BNC插头。按TRIG SOURCE按钮，一直到出现“EXT，SLOPE，COUPLING”在读出装置中。

2. 函数信号发生器

函数信号发生器是一种能提供各种频率、波形和输出电平电信号的发生装置,它能产生某些特定的周期性函数波形信号,如三角波、锯齿波、矩形波、正弦波和脉冲波等,频率范围可从几个微赫到几十兆赫。在测量各种电信号系统的振幅特性、频率特性、传输特性和某些元器件的电特性与参数时,函数信号发生器用作测试的信号源、激励源或振荡器。

函数信号发生器的电路构成有多种形式,一般由以下几个部分组成:

(1)基本波形发生电路:波形发生可以是由 RC 振荡器、文氏电桥振荡器或压控振荡器等电路产生。

(2)波形转换电路:基本波形通过矩形波整形电路、正弦波整形电路、三角波整形电路进行正弦波、方波、三角波间的波形转换。

(3)放大电路:将波形转换电路输出的波形进行信号放大。

(4)可调衰减器电路:可将仪器输出信号进行 20 dB、40 dB 或 60 dB衰减处理,输出各种幅度的函数信号。

常用的函数信号发生器大多由集成电路与晶体管构成,一般是采用恒流充放电的原理来产生三角波,同时产生方波,改变充放电的电流值,就可得到不同的频率信号,当充电与放电的电流值不相等时,原先的三角波可变成各种斜率的锯齿波,同时方波就变成各种占空比的脉冲。另外,将三角波通过波形变换电路,就产生了正弦波。然后正弦波、三角波(锯齿波)、方波(脉冲)经函数开关转换由功率放大器放大后输出。

信号发生器的简化原理框图如图 3.7.10 所示。图中所示方波由三角波通过方波变换电路变换而成。实际中,三角波和方波的产生是难以分开的,方波形成电路通常是三角波发生器的组成部分。正弦波是三角波通过正弦波形成电路变换而来的。所需波形经过选取、放大后经衰减器输出。直流偏置电路提供一个直流补偿调整,使信号发生器输出的直流成分可以进行调节。

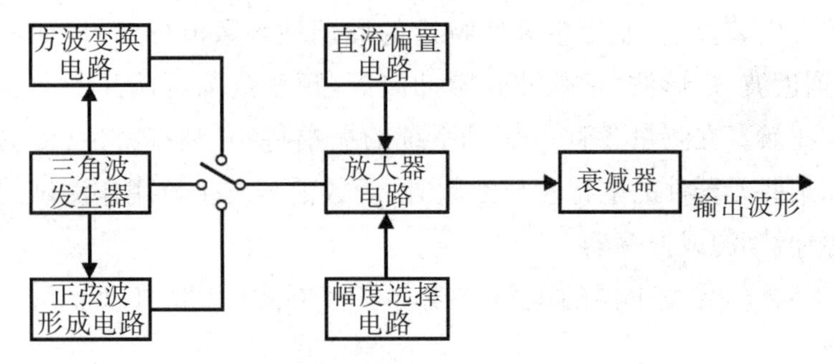

图 3.7.10　信号发生器的简化原理框图

函数信号发生器的实现方法通常有以下几种：

(1)用分立元件组成的函数发生器,通常是单函数发生器且频率不高,其工作不稳定,不易调试。

(2)可以由晶体管、运放 IC 等通用器件制作,更多的则是用专门的函数信号发生器 IC 产生。

(3)单片集成芯片的函数发生器,能产生多种波形,达到较高的频率,且易于调试。

(4)专用直接数字合成 DDS 芯片的函数发生器,能产生任意波形并达到很高的频率。按其信号波形分为四大类:

①正弦信号发生器。主要用于测量电路和系统的频率特性、非线性失真、增益及灵敏度等。按其不同性能和用途还可细分为低频(20 赫兹至 10 兆赫兹)信号发生器、高频(100 千赫兹至 300 兆赫兹)信号发生器、微波信号发生器、扫频和程控信号发生器、频率合成式信号发生器等。

②函数(波形)信号发生器。能产生某些特定的周期性时间函数波形(正弦波、方波、三角波、锯齿波和脉冲波等)信号,频率范围可从几个微赫兹到几十兆赫兹。除供通信、仪表和自动控制系统测试使用外,还广泛用于其他非电测量领域。

③脉冲信号发生器。能产生宽度、幅度和重复频率可调的矩形脉冲的发生器,可用以测试线性系统的瞬态响应,或用作模拟信号来测试雷达、多路通信和其他脉冲数字系统的性能。

④随机信号发生器。通常又分为噪声信号发生器和伪随机信号发生器两类。噪声信号发生器主要用途为:在待测系统中引入一

个随机信号,以模拟实际工作条件中的噪声而测定系统性能;外加一个已知噪声信号与系统内部噪声比较以测定噪声系数;用随机信号代替正弦或脉冲信号,以测定系统动态特性等。当用噪声信号进行相关函数测量时,若平均测量时间不够长,会出现统计性误差,可用伪随机信号来解决。

我们知道:函数信号发生器产生的各种波形曲线均可以用三角函数方程式来表示,函数信号发生器在电路实验和设备检测中具有十分广泛的用途。例如在通信、广播、电视系统中,都需要射频发射,这里的射频波就是载波,把音频、视频信号或脉冲信号运载出去,就需要能够产生高频的振荡器。在工业、农业、生物医学等领域内,如高频感应加热、熔炼、淬火、超声诊断、核磁共振成像等,都需要功率或大或小、频率或高或低的振荡器。

科技及工业应用要求提供的信号越来越精密,从而推动了函数信号发生器的发展和推广,它作为一种精密的测试仪器,在电子行业得到了广泛的应用。根据函数信号发生器原理及应用分析可知:最常用的就是经常会用锯齿波信号产生器作为时基电路。另外,函数信号发生器是可用于测试或检修各种电子仪器设备中的低频放大器的频率特性、增益、通频带,也可用作高频信号发生器的外调制信号源。

下面我们以SG1639型函数信号发生器为例简单介绍其应用。SG1639型函数信号发生器是一台具有高度稳定性,多功能等特点的函数信号发生器。能直接产生正弦波、三角波、方波、斜波、脉冲波、波形对称可调并具有反向输出,直流电平可连续调节。TTL可与主信号做同步输出。还具有VCF输入控制功能。频率计可用作内部频率显示,也可外测$1\sim1.0\times10^7$ Hz的信号频率。

SG1639型函数信号发生器面板如图3.7.11所示,各按键或旋钮功能说明参见表3.7.1。

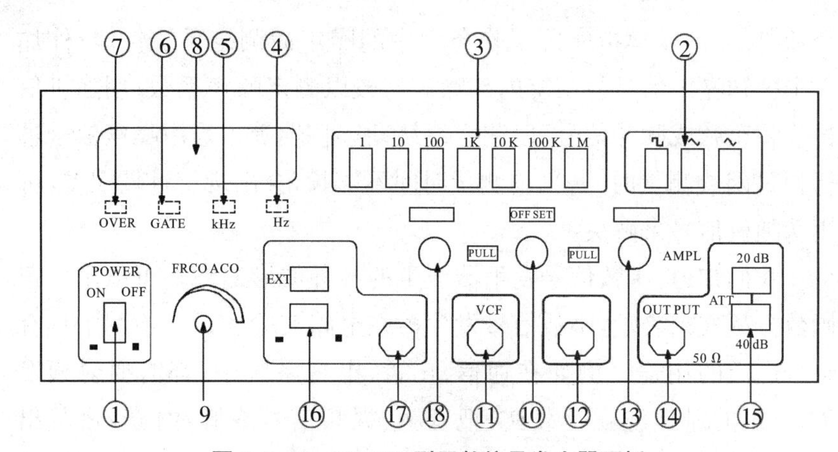

图 3.7.11　SG1639 型函数信号发生器面板

表 3.7.1　SG1639 型函数信号发生器面板各按键或旋钮功能说明

序号	面板标志符号	名称	功能
1	POWER	电源开关	按下开关，电源接通，电源指示灯亮
2	WAVE	波形选择	(1)输出波形选择。(2)与 12、17 配合可得到正负向锯齿波和脉冲波
3	FREQUENCY RANGE	频率选择	频率选择开关与 9 配合选择工作频率。测外信号频率时选择闸门时间
4	Hz	频率单位	指示频率单位、灯亮有效
5	kHz	频率单位	指示频率单位、灯亮有效
6	GATE	闸门显示	此灯闪烁，说明频率计正在工作
7	OVER	频率溢出指示	当频率超过 5 个 LED 所显示的范围时，灯亮
8	无符号	频率显示 LED	所有内部产生频率或外测时的频率均由此 5 个 LED 显示
9	FRENQUENCY ADJ	频率调节	与 3 配合选择工作频率
10	OFFSET/PULL	直流偏置调节	拉出此按钮可设定任何波形的直流工作点。按下时则直流偏置为 0
11	VCF	压控信号输入端	外接电压控制频率输入端
12	TTL	TTL 同步输出	输出同步 TTL 脉冲
13	AMPL INVERSE	幅度调节/反相开关	(1)调节输出幅度大小。(2)与 19 配合使用，拉出时波形反向
14	OUTPUT	信号输出	信号波形输出端，阻抗为 50 Ω
15	ATT	输出衰减	按下时，输出信号产生 20 dB/40 dB 的衰减
16	COUNTER	计数器外接/20 dB 衰减选项	(1)频率计内测、外测(按下)选择。(2)外测时，按下则外信号衰减 20dB
17	INPUT	外信号计数输入	外测信号输入端
18	SYMN	脉宽调节	拉出开关，调节旋钮位置可得到脉冲或者锯齿波

四、实验内容及实验步骤

1. 模拟示波器

(1)轨迹旋转调整。

正常情况下,轨迹和中央水平刻度线平行时,不用调整 TRACE ROTATION,如果需要调节,可以用小螺丝刀进行调节。仔细观察轨迹是否与水平刻度线平行,并作相关记录。

(2)测试探棒补偿。

使用前检查探棒的补偿。任何时候当探棒移至不同的输入通道时,定期检查其补偿。

①将测试棒安装到示波器上(锁住 BNC 接头插入通道输入端)。将测试棒滑动开关推至×10 位置。

②按示波器上 CH1/CH2 按钮,将示波器设定到通道 1/通道 2。

③按住 P×10 按钮,设定波到指示的偏向系数"P10"符号读出。

④将探棒顶端与示波器前面的 CAL 端子连接。

⑤利用示波器各控制按钮,设置并显示其功能如下:

垂直:	VOLTS/DIV	0.2 V
	COUPLING	DC
	ALT/CHOP	CHOP
水平:	TIME/DIV	0.5 ms
触发:	MODE	ATO
	SOURCE	VERT
	COUPLING	AC

⑥观察显示的波形和图 3.7.12 的波形相比较。若任何一端的探棒需要调整,照步骤(7)的指示进行。

⑦使用绝缘的小螺丝刀调整探棒,慢慢地旋转调整旋钮直到探棒得到适当的补偿。并记录当前示波器探头的补偿是否需要调整。

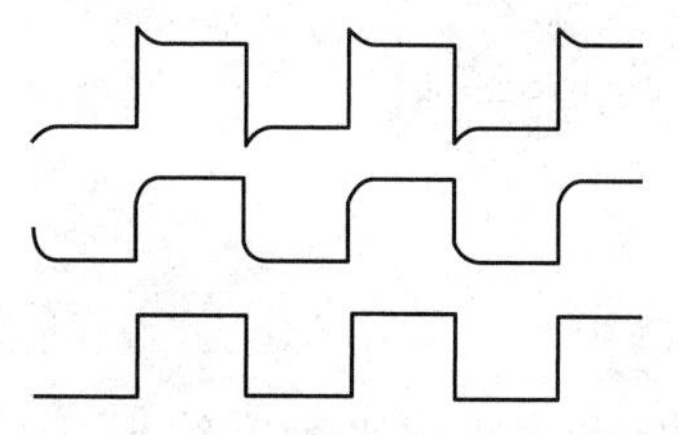

图 3.7.12　三种补偿情况下波形示意图

其中第一排是过补偿的波形，中间一排是欠补偿的波形，最下面一排是恰好补偿的波形。

(3)通道平衡和 ADD 补偿的功能。

①安装×10 探棒到 CH1、CH2 的输入端；

②连接探棒顶端到示波器 CAL 测试点；

③设定示波器控制钮显示双通道的功能如下：

垂直：VOLTS/DIV　　0.2 V

　　　COUPLING　　DC

　　　ALT/CHOP　　CHOP

水平：TIME/DIV　　0.5 ms

触发：MODE　　ATO

　　　SOURCE　　VERT

　　　COUPLING　　AC

④将 CH1 和 CH2 双通道的耦合切换到 GND；

⑤使用 CH1 和 CH2 POSITION 控制钮，将两条轨迹排列于中央刻度线上；

⑥按住 CH2 INV 钮，打开此功能；

⑦按一下 ADD 钮，设定到 ADD 模式；

⑧将 CH1 和 CH2 双通道耦合切换到 DC；

⑨图 3.7.13 显示了符合要求的波形，显示出在中央刻度线上平坦波形确认了通道平衡和 ADD 补偿的功能；并记录当前示波器的通道是否平衡和 ADD 补偿是否合适。

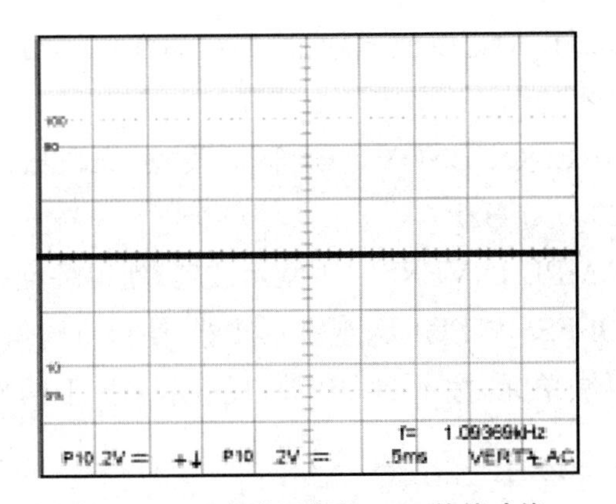

图 3.7.13 通道平衡和 ADD 补偿功能

(4)频率和相位的比较(X—Y 操作)。

使用 X—Y 模式来比较两个信号和相位,X—Y 波形显示不同的振幅、频率、相位。

为使示波器设定在 X—Y 模式,按以下进行:

①连接水平或 X 轴信号到 CH1 输入端;

②连接垂直或 Y 轴信号到 CH2 输入端;

③按 X—Y 钮,设定 X—Y 操作模式;

④以 HORIZONAL POSITION 控制钮调整 X 轴。

观察显示屏上的波形,并作记录。

2. 函数信号发生器

(1)输出 2 kHz 的方波,幅度为 0.5 V,直流偏置为 0.5 V。

①信号发生器的输出端 14 和示波器的 CH1 相连接。

②波形选择方波;频率选择 10 kHz。

③旋转 FRENQUENCY ADJ,同时观察 LED 数码指示。使得输出频率为 2000.0 Hz。

④调节 AMPL INVERSE,观察示波器,使得幅度为 0.5 V。

⑤拉出 OFFSET/PULL,观察示波器,使得直流偏置为 0.5 V。

⑥输出衰减单元,按下 20 dB 键,观察示波器上信号轨迹变化。

(2)调节方波的脉冲宽度。

①接上面第 5 步,拉出 SYMN。

②旋转该按钮,在示波器上观察信号轨迹的改变。

(3)输出 2 Hz 的正弦波，幅度为 1 V，直流偏置为－1 V。

①波形选择方波；频率选择 10 kHz。

②旋转 FRENQUENCY ADJ，同时观察 LED 数码指示。使得输出频率为 2000.0 Hz。

③调节 AMPL INVERSE，观察示波器，使得幅度为 0.5 V。

④拉出 OFFSET/PULL，观察示波器，使得直流偏置为 0.5 V。

⑤输出衰减单元，按下 20 dB 键，观察示波器上信号轨迹变化。

五、实验注意事项

示波器的正确调整和操作对于提高测量精度和延长仪器的使用寿命非常重要。因此，在使用该仪器的过程中要做到细心、精准。

1. 聚焦和辉度的调整

调整聚焦旋钮使用扫描线尽可能细，以提高测量精度。扫描线亮度（辉度）应适当，过度不仅会降低示波器的使用寿命，而且也会影响聚焦特性。

2. 正确选择触发源和触发方式

如果观测的是单通道信号，就应选择该通道信号作为触发源；如果同时观测两个时间相关的信号，则应选择信号周期长的通道作为触发源。

首次观测被测信号时，触发方式应设置于"AUTO"，待观测到稳定信号后，调好其他设置，最后将触发方式开关置于"NORM"，以提高触发的灵敏度。当观测直流信号或小信号时，必须采用"AUTO"触发方式。

3. 正确选择输入耦合方式

根据被观测信号的性质来选择正确的输入耦合方式。一般情况下，被观测的信号为直流或脉冲信号时，应选择"DC"耦合方式；被观测的信号为交流时，应选择"AC"耦合方式。

4. 合理调整扫描速度

调节扫描速度旋钮，可以改变荧光屏上显示波形的个数。提高扫描速度，显示的波形少；降低扫描速度，显示的波形多。显示的波形不应过多，以保证时间测量的精度。

5. 波形位置和几何尺寸的调整

观测信号时，波形应尽可能处于荧光屏的中心位置，以获得较好的测量线性。正确调整垂直衰减旋钮，尽可能使波形幅度占一半以上，以提高电压测量的精度。

6. 合理操作双通道

将垂直工作方式开关设置到“DUAL”，两个通道的波形可以同时显示。为了观察到稳定的波形，可以通过“ALT/CHOP”（交替/断续）开关控制波形的显示。按下“ALT/CHOP”开关（置于CHOP），两个通道的信号断续的显示在荧光屏上，此设定适用于观测频率较高的信号；释放“ALT/CHOP”开关（置于 ALT），两个通道的信号交替地显示在荧光屏上，此设定适用于观测频率较低的信号。在双通道显示时，还必须正确选择触发源。当 CH1、CH2 信号同步时，选择任意通道作为触发源，两具波形都能稳定显示，当 CH1、CH2 信号在时间上不相关时，应按下“TRIG. ALT”（触发交替）开关，此时，每一个扫描周期，触发信号交替一次，因而两个通道的波形都会稳定显示。

值得注意的是：双通道显示时，不能同时按下“CHOP”和“TRIG. ALT”开关，因为“CHOP”信号成为触发信号而不能同步显示。利用双通道进行相位和时间对比测量时，两个通道必须采用同一同步信号触发。

7. 触发电平调整

调整触发电平旋钮可以改变扫描电路预置的阀门电平。向“＋”方向旋转时，阀门电平向正方向移动；向“－”方向旋转时，阀门电平向负方向移动；处在中间位置时，阀门电平设定在信号的平均值上。触发电平过正或过负，均不会产生扫描信号。因此，触发电平旋钮通常应保持在中间位置。

8. 其他注意事项

（1）切忌使用探头直接测量 220 V 交流电。

（2）BNC 接头有锁扣，不能直接插拔。

（3）拉出按钮时，不要用力过猛，轻拉即可。

（4）注意各线路的短路现象。

思考题

1. 示波器由哪些部分组成？各部分的作用是什么？

2. 简述模拟示波器的基本工作原理？

3. 简述示波器垂直和水平系统的主要组成和作用。

4. 怎样正确调整和操作模拟示波器？

5. 在X－Y模式下，显示屏上的轨迹为什么不是一条直线？

6. 简述函数信号发生器的基本原理。

7. 使用信号发生器的计数器功能，怎样测量示波器的校准信号频率？

（陈月明）

实验8　用模拟法测绘静电场

一、实验目的

(1)学会用模拟法测量静电场的分布。

(2)加深对电场强度和电势概念的理解。

(3)了解用模拟法进行测量的特点和使用条件。

二、实验仪器

双层静电场测试仪(配有多种水槽式电极),JDY型静电电源(含输出电位测试),记录纸。

1. 工作电源

工作电源主要包括三个部分,分别是工作电压输出、电压测试、电压显示,其中工作电压输出与电压测试在一起,因此它有3个接线柱,中间为零极,左边为输出正极,右边则是探测正极。将面板上的旋钮扳至“输出”则显示的是输出电压,可通过输出细调调节,而扳至“探测”则显示的是探测到的电压。

2. 双层式静电场描绘仪及探针组成

双层静电场测试仪包括电极架及同步探针,分上下两层。上层用来放坐标记录纸,下层用来放置水槽式电流场模型。上、下探针的位置严格对准在同一铅垂线上(注意,上下探针一定要对准)。

描绘部分由上下两层组成,下层放同轴圆柱电场,上层是一橡胶板,板上放记录纸.

三、实验原理

利用稳恒电流场模拟静电场,必须满足一定的相似条件。根据电磁场理论,在电流场的无源区,其分布情况与静电场相似,两者都满足拉普拉斯方程,即

$$\frac{\partial^2 U}{\partial x^2}+\frac{\partial^2 U}{\partial y^2}+\frac{\partial^2 U}{\partial z^2}=0$$

因此，可以通过电流场的描绘来了解静电场分布。由于场强 E 与电势 U 存在简单的梯度关系 $E=-\nabla U$，只要测出电流场的一系列等势面（线），也就是静电场的等势面（线），再由正交关系画出电力线，静电场的分布就清楚了。

1. 模拟法的基本条件

用一物理规律去模拟研究另一物理规律必须满足一定的条件，概括起来，主要包括以下几点。

（1）性质相似条件，即两个类比的物理现象所服从的物理规律具有相同的数学表达式，这是模拟法进行模拟研究的先决条件。

（2）定性模拟条件，包括几何相似、介质相似、边界相似和初始状态相似。

（3）定量模拟条件，模拟量与被模拟量之间应有一个比例关系。

2. 稳恒电流场模拟静电场的条件

（1）在电磁场理论中，均匀介质中无源处静电场的电势满足拉普拉斯方程式，即

$$\frac{\partial^2 U}{\partial x^2}+\frac{\partial^2 U}{\partial y^2}+\frac{\partial^2 U}{\partial z^2}=0$$

对于稳恒电流场，除电极所在处外，在均匀导电介质的无源区域，电流场中的电势分布服从拉普拉斯方程式，因此，稳恒电流场和静电场性质相似。

（2）同轴圆柱形电极与同轴圆柱形电容满足几何相似条件；电极间用水作为导电介质，对应于电容器中的均匀介质；电极用金属制成，可近似认为等势体，即电流线与电极表面垂直；另外，水的导电率远大于空气导电率，电流线被限制在水面内；拉普拉斯方程不含时间变量，不涉及初始条件相似。

（3）描绘方法。

测绘电流场电势常用零位法和电压表指示法。实验中采用电压表指示法，是指直接用电压表探测出等势点，描绘出等势线。

用实验方法直接测量静电场时，由于测量仪器的探针引入静电场，在探针上的感应电荷会影响原电场的分布。为了解决这个困难，我们采用模拟法建立一个与静电场有相似数学函数表达式的模

拟场。通过对模拟场的测定，可以间接地获得原静电场的分布。

①平行板电容器的电场分布。两带等量异号电荷的平行板，一板带正电，一板带负电，其中间电场成均匀分布，其等势面是均匀并且平行的。

②点电荷的电场分布。本实验用的点电荷是用中间一个电极，周围是一个圆形电极，一个正极，一个负级，等势面也是均匀分布的。

四、实验注意事项

(1)下层应加适量的水作为电导质，水的深度不超过电极高度，尽量保持水平，否则电力线会出现畸变。

(2)记录纸要放平、夹紧，以免滑动。探测时，下端探针浸入水中，探测到对应的电压值时，按下上层的定位针，在记录纸上打孔记录。

(3)每两个点之间的距离为 2～3 mm。

五、实验内容及步骤

1. 测量无限长同轴圆柱间的电势分布

(1)在测试仪上层板上放一张坐标记录纸，下层板上放置水槽式平行板模拟电极，并加自来水填充在电极间。

(2)接好电路。调节探针，使下探针浸入自来水中，触及水槽底部，上探针与坐标纸有 1～2 mm 的距离。

(3)接通电源，K_2 扳向“电压输出”位置，调节交流输出电压，使 AB 两电极间的交流电压为 12 V，保持不变。

(4)将 K_2 拨到“探测”位置。移动探针，在 A 电极附近找出电势为 10 V 的点，用上探针在坐标纸上扎孔为记。同理，再在 A 电极周围找出电势为 10 V 的等势点 7 个，扎孔为记。

(5)移动探针，在 A 电极周围找出电势分别为 8 V、6 V、4 V、2 V 的各 8 个等势点(圆越大，应多找几点)，方法如步骤(4)。

(6)根据等势线与电力线相互正交的特点，在等势线图上添置电力线，并指出电场强度方向。

2. 测量点电荷电场分布

(1)将点电荷模拟电极放入槽中。

(2)将电路中 AB 两个电极改为两个点状电极，其余接法不变。

(3)类似于上述实验的步骤(1)～(5)，在 AB 两电极间加交流电压 12 V，分别找出 10 V、8 V、6 V、4 V、2 V 的各 8 个等势点，画出等势线，作出电力线。

思考题

1. 本实验采用什么场来模拟静电场？理论依据是什么？应满足什么样的实验条件？

2. 如果将实验中使用的电源、电压加倍或减半，等势线、电力线的形状是否会发生变化？

（江中云）

实验 9　心电图机性能指标的测量

一、实验目的

(1)了解心电图机的基本工作原理。

(2)学习心电图机性能指标的测量方法。

二、实验仪器

XD-7100 单道心电图机一台,心电图纸若干。

三、实验原理

1. 心电图机的结构框图

心电图机是用来描记心电信号的一种医用仪器。一般心电图机的结构框图如图 3.9.1 所示,它由下列主要部分组成:导联选择器、标准信号源、电压放大器、功率放大器、记录器、走纸装置和电源等。有些心电图机因其功能不同,结构和组成部分也有区别,但它们描记心电图波形的原理是相同的。

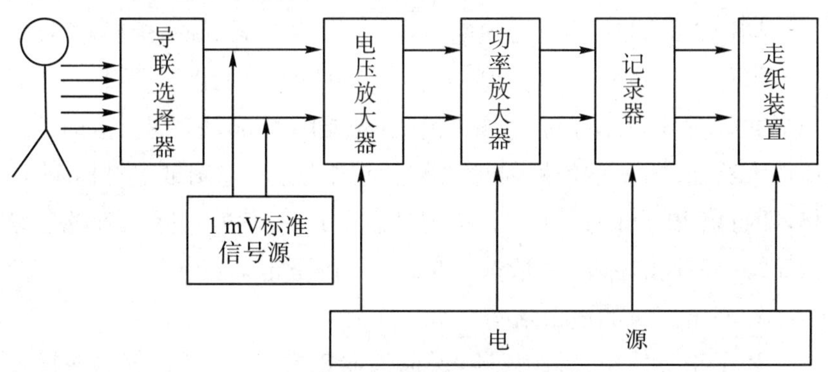

图 3.9.1　心电图机结构框图

(1)导联选择器。

一般心电图机的输入端有五根导联线,以红、黄、绿、黑、白加以区分,当描记心电图波形时,分别将这五根导联线与人体的四肢及胸部相连接,红接右手,黄接左手,绿接左腿,黑接右腿,白接胸部。

导联选择器的任务是将同时接在人体上的多根导联线组成各种导程的接法,分档选择任一个导联将心电信号送入放大器。例如,选择导程 *I* 时,导联选择器就把红、黄二根导联线接入电压放大器,同时将其他导联线断开。

(2)电压放大器和功率放大器。

通过导联选择器的选择,来自导联线的心电信号是很微弱的,所以需要电压放大器加以放大,放大器本身不但要具有足够的增益(即电压放大倍数),而且还要保证较低的噪音电平,以利于提高整机的灵敏度,心电信号在本级得到足够的幅度放大再送至功率放大器,进行功率放大。此时,心电信号不仅具有一定的电压幅度,而且还具有足够的功率,这样送到记录器后,就可推动描笔按心电波变化的规律进行摆动。当描笔下面的记录纸在走纸系统的带动下匀速移动时,描笔就可在记录纸上留下心电图波形了。

描笔在记录纸上描记时,为了减少阻力,将描笔浮标振荡器产生频率较高的信号和心电信号一起加至功率放大器,然后去推动描笔。这样可使描笔时时刻刻都处于浮标状态,即微颤状态,能使描笔在描记时容易起动,换向时也快。

(3)标准信号源。

描记心电图时,大家必须使用同一大小的增益,统一标准,这样描出的图形才可以比较,达到鉴别诊断的目的。因此,机器本身设有1 mV的信号源,在描记心电图之前,首先要用 1 mV 信号打标,即给电压放大器加 1 mV 的信号,调整增益,使描笔在心电图纸上打标 10 小格,即打出 10 mm 的方波。在描记时输入 1 mV 信号打标 10 小格就是大家统一使用的标准,一般都是在这个标准下记录心电图。

2. 心电图机的面板结构

为了正确使用、操作仪器,保证仪器正常工作,延长仪器使用寿命,必须熟悉心电图机面板按钮、开关的名称和作用,掌握仪器的使用方法。如图 3.9.2、图 3.9.3 和图 3.9.4 所示是 XD-7100 单道心电图机的面板图。

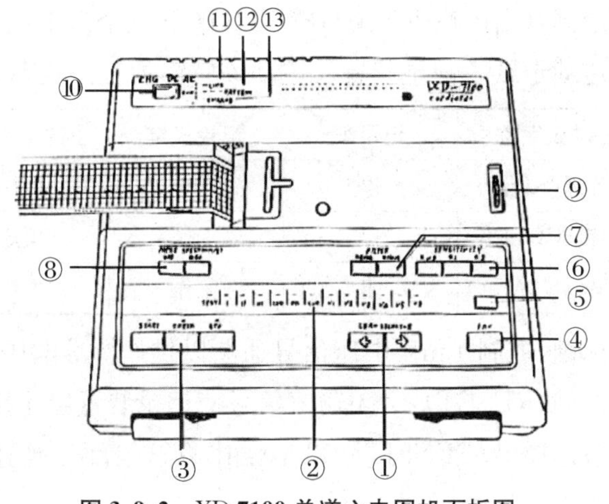

图 3.9.2　XD-7100 单道心电图机面板图

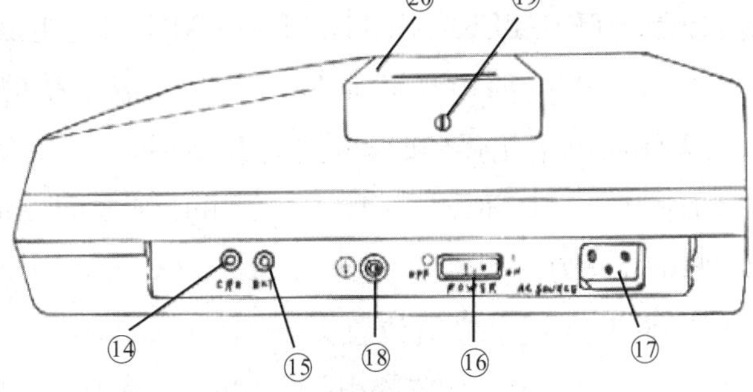

图 3.9.3　心电图机右侧图

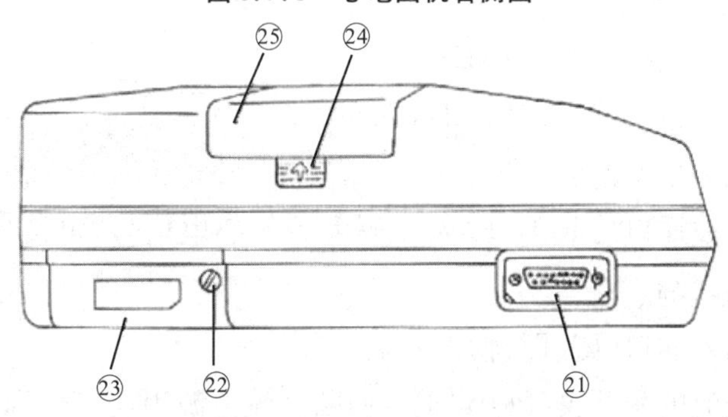

图 3.9.4　心电图机左侧图

①导联选择键(LEAD　SELECTOR):按动⬅键或➡键,选择所需导联,可左移或右移。

②导联显示器:当按动导联选择键时,该显示器即有对应灯发光,显示当时所处的导联位置。(由 13 只 LED 组成)

③记录键：(由 START、CHECK、STOP 三个键组成)

控制传动走纸及记录装置。按动该三键的工作状态如下表：

按动键名称	记录纸	记录描笔	描笔(冷热)
准备键(STOP)	停	停	预热
观察键(CHECK)	停	工作	预热
启动键(START)	走	工作	加热

④定标键：控制 1 mV 电压信号通断以供作标准电压使用。

⑤复位健(RESET)：封闭输入信号使记录装置停止摆动。

⑥增益选择键(SENSITIVITY)：由 1/2、1、2 三键组成，其中 1 为标准增益。

⑦滤波控制键(FILTER)：由 HUM 和 EMG 二键组成。HUM 交流干扰抑制键，EMG 肌电干扰抑制。当有交流干扰时，可按动 HUM 键，而人体肌电干扰强烈时，可按动 EMG 键。

⑧纸速选择键(PAPER SPEED)：由 25 mm/s 及 50 mm/s 二键组成，其中 25 mm/s 为常用走速。

⑨基线控制：改变记录描笔位置。

⑩电源选择开关：AC 为交流电源接通，DC 为电池电源接通，CHG 为电池充电。

⑪交流电指示器(LINE)。

⑫电池指示器(BATTERY)。

⑬充电指示器(CHARGE)。

⑭示波插口(CRO)：输入经放大后的心电信号，可接外部设备的心电输入端。

⑮输入插口(EXT)：输入外来信号。

⑯交流电源开关(POWER)：通断交流电源用，OFF 关，ON 开。

⑰交流电源插座(ACSOURCE)：通过三芯电源线与外市电源相接。

⑱电线接线柱：接地线用。

⑲记录盖板螺丝。

⑳记录盖板。

㉑导联输入插座。

㉒电池盒盖板螺丝。

㉓电池盒盖板。

㉔记录纸盒盖按钮。

㉕记录纸盒盖。

3. 心电图机的主要性能指标及测试方法

使用心电图机时，首先应对机器的主要性能指标进行检测，看看是否合乎要求。现将其性能指标及测试方法分述如下。

(1)增益。

心电图机的增益是指放大倍数，正常机器的放大倍数为5000～7500倍，平常使用时，1 mV信号放大后记录笔打标10 mm的振幅，大约是放大5000倍，这是最起码的增益，一般要求心电图机的最大放大倍数为7500倍左右，即记录笔描记的振幅为15 mm。本机的技术指标最大增益大于18 mm/mV。

测试方法：将增益选择键置于“1”，把记录键置于“START”，记录纸走动，以一定节拍按动“1 mV”定标键，不断打出方形波，这个方形波的振幅应为10 mm，说明此机放大倍数合乎要求。若增益不符合要求，可取下记录盖板，用小螺丝刀对“GAIN”电位器进行调整。

(2)噪音和漂移。

噪音和漂移是由于机器内部元件不稳定和外界干扰引起的，但它们是有区别的，噪音是指较高频率的扰动，基线漂移一般是指描笔缓缓地移动。正常心电图机要求噪音和漂移现象在记录纸上反映不出来。

测试方法：将记录键置于“START”，记录纸走动。若描笔在记录纸上留下一条很平稳的直线，如图3.9.5(a)所示，说明机器既没有噪音，也没有漂移。若描线出现微小颤动，出现如图3.9.5(b)所示现象，说明机器有噪音。若描线出现缓缓上下摆动，如图3.9.5(c)所示，则机器有漂移现象。若描线出现如图3.9.5(d)所示现象，则说明漂移中夹有噪音。

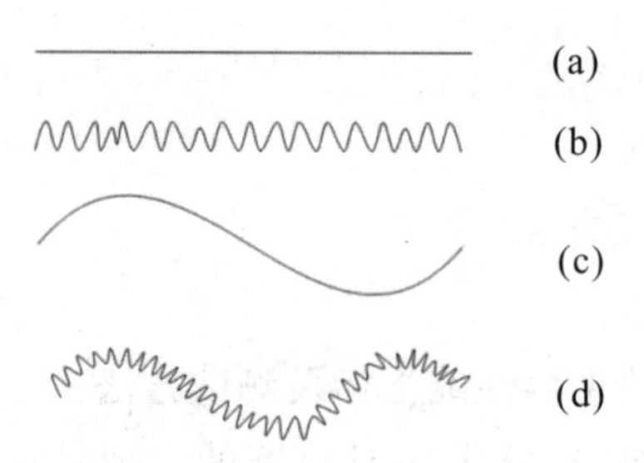

图 3.9.5　噪音和漂移曲线图

(3)阻尼。

心电图机的记录器是在永久磁铁的磁场中放置一个可动线圈，线圈与记录笔连在一起，当待测信号的电流通过可动线圈时，线圈由于受到转动力矩的作用而偏转，从而带动描笔偏转。线圈偏转程度与信号频率有关，当信号频率 f 与线圈的固有振动频率 f_0 相等时，产生共振，偏转程度最大，因此需要加上一个抑制谐振运动的力矩，这种力矩在心电图机中称为“阻尼”。心电图机的阻尼是否正常，对所描记的心电图有很大影响，除阻尼正常外，常见的还有阻尼过大和阻尼不足两种情况，如图 3.9.6 所示。

图 3.9.6　阻尼现象

测试方法：将增益选择键置于“1”，把记录键置于“START”，记录纸走动，以一定节拍按动“1 mV”定标键，不断打出方形波，观察波形阻尼情况。若阻尼过大或不足，可取下记录盖板，用小螺丝刀调节“DAMP”电位器，直到合适为止。

(4)放大器的对称性。

心电图机对于等幅的正负信号的放大倍数应该是相等的。我们将心电图机放大器对正信号与对相等幅度的负信号的比值，叫心电图机的对称性。这个性能关系到心电图波形的真实性，心电图机放大器的对称性不仅要求记录笔处于记录纸中心位置(基线位于中心位)时必须对称，而且一个质量好的机器，基线偏上或偏下工作时，放大倍数应对称。

测试方法:机器通电后,首先将描笔调至记录纸中心位置上,增益调节至打标为10 mm,开动记录走纸开关,按下“1 mV”定标键,不要立即撒手,等记录笔基本回到原来中心位置时再撒手。这时记录笔将向下打出波形,等到记录纸走了一段后停止走纸。此时测量向上波形的幅度 A 和向下波形幅度 B 是否相等,若相等,则说明放大器中心位的对称性良好,否则其对称性不好,如图 3.9.7 所示。然后,将描笔调至记录纸中心线以上 8～10 mm 和中心线以下 8～10 mm,按照上面同样的方法,测试基线偏上和基线偏下的对称性。质量差的心电图机,测试基线偏上的对称性时,往往向上振幅小于向下振幅;测试基线偏下的对称性时,往往向下振幅小于向上振幅,按技术要求,如果上下振幅之差小于 1.5 mm 还是允许的。

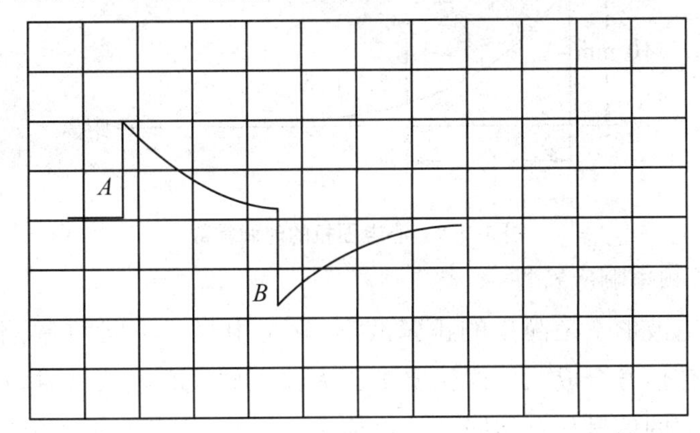

图 3.9.7　放大器的对称性

(5)走纸速度。

心电图机走纸速度有 25 mm/s 和 50 mm/s 两挡,一般使用 25 mm/s挡。

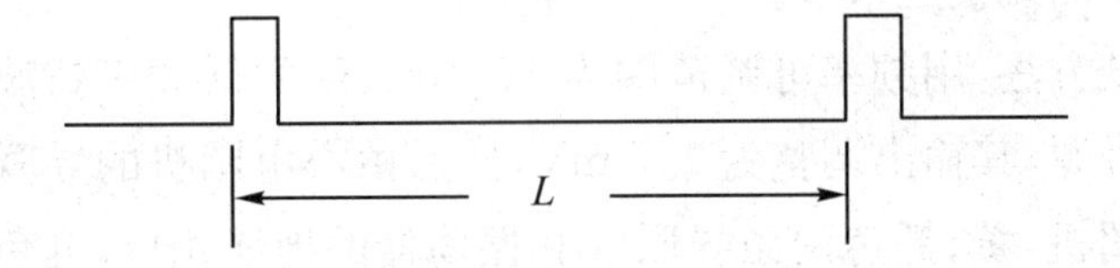

图 3.9.8　走纸速度的测量图

测试方法:机器通电后,开动走纸开关,按一下“1 mV”定标键,同时计时,经过时间 T(一般为 10 s)以后,再按一下“1 mV”定标键,停止走纸。这时,在纸上观察到两个方形波,如图 3.9.8 所示。从记录纸上计算两个方波前沿之间的小方格数 L,即为时间 T 内的路程,从而可得走纸速度 $v=L/T$(mm/s)。

(6)时间常数。

心电图机的时间常数是指描笔从最大波幅下降到最大波幅的37%所经过的时间。

测试方法:按下"1 mV"定标键,直至描笔基本下降到原来基线位置时才撒手,停止走纸。计算记录纸从最大波幅下降到最大波幅37%处所经过路程 L',用 L'除以走纸速度 v 就是该机器的时间常数 τ,即 $\tau=\frac{L'}{v}$,如图 3.9.9 所示。

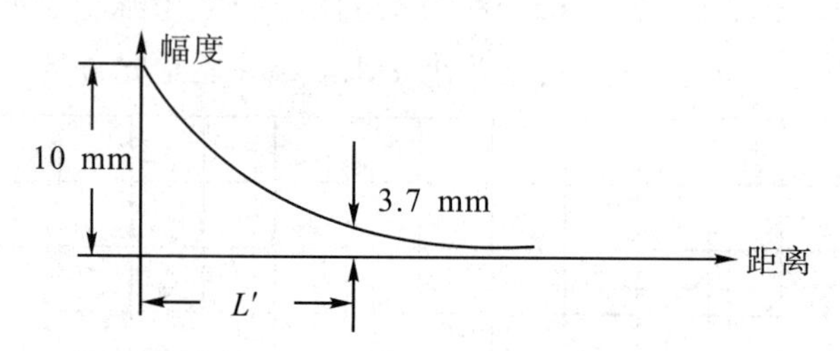

图 3.9.9 心电图机的时间常数

(7)频率响应特性。

心电波形不是简单的正弦波形,它是由很多不同频率、不同振幅的正弦信号合成的。这就要求放大器在放大心电信号时,对各种不同频率的信号具有相同的放大能力。但是,实际上由于电路电抗元件及非线性结构本身的限制,放大器对不同频率的信号放大能力是不同的。放大器对不同频率信号的放大倍数随信号频率的变化关系,称为频率响应特性。在测试频率范围内,一般要求放大倍数—频率曲线接近水平。

测试方法:用频率可调范围为 1~100 Hz 的低频正弦波振荡器作为信号源,其输出调整为 1.5 mV,然后由心电图机的导联线输入到心电图机,黄、黑色两条导联线和振荡器的地线相接,红色导联线和振荡器的正端相接。心电图机通电后,按导联选择键至导联显示器"Ⅰ"位置,开动记录走纸开关,进行描记。具体的描记方法是:把振荡器的输出频率从 10 Hz 开始逐步升高,每升高 10 Hz 记录一次正弦波幅,直到 100 Hz 为止,分别填于附表中。

频率(Hz)	10	20	30	40	50	60	70	80	90	100
波幅(mm)										

以频率为横坐标,波幅为纵坐标,绘出频率响应特性曲线。

四、实验内容及步骤

(1)熟悉心电图机面板结构。

(2)接上电源线,电源选择开关置于“AC”,电源开关置于“ON”,预热5 min。

(3)导联显示器置于“TEST”,走速选择置于“25”,增益选择置于“1”,记录键置于“STOP”,调节基线控制,改变描笔位置,使之停靠在记录纸中央附近。

(4)按照原理中介绍的测试方法,逐一测试心电图机的各项性能指标。将描记指标的心电图纸取下,贴在实验报告上。

(5)根据测得结果,分析各项指标是否符合要求。

思考题

哪些性能指标可以并在一起测量?

(黄龙文)

实验10　铁磁材料的磁滞回线和基本磁化曲线

一、实验目的

（1）掌握磁滞、磁滞回线和磁化曲线的概念，加深对铁磁材料的主要物理量：矫顽力、剩磁和磁导率的理解。

（2）学会用示波法测绘基本磁化曲线和磁滞回线。

二、实验仪器

动态磁滞回线实验仪，FB310B智能型磁滞回线组合实验仪，双踪示波器。

三、实验原理

1. 磁化曲线

如果在通电线圈产生的磁场中放入铁磁物质，则磁场将明显增强，此时铁磁物质中的磁感应强度比单纯由电流产生的磁感应强度增大百倍，甚至在千倍以上。铁磁物质内部的磁场强度 H 与磁感应强度 B 有

$$B = \mu \cdot H$$

对于铁磁物质而言，磁导率 μ 并非常数，而是随 H 的变化而改变的物理量，即 $\mu = f(H)$，为非线性函数，如图3.10.1所示，因此 B 与 H 也是非线性关系。铁磁材料的磁化过程为：其未被磁化时的状态称为去磁状态，这时若在铁磁材料上加一个由小到大的磁化场，则铁磁材料内部的磁场强度 H 与磁感应强度 B 也随之变大，其 $B-H$ 变化曲线如图3.10.1所示；但当 H 增加到一定值（H_S）后，B 几乎不再随 H 的增加而增加，说明磁化已达饱和，从未磁化到饱和磁化的这段磁化曲线称为材料的起始磁化曲线，如图3.10.1所示中的 OS 段曲线所示。

2. 磁滞回线

当铁磁材料的磁化达到饱和之后，如果将磁化场减少，则铁磁

材料内部的 B 和 H 也随之减少，但其减少的过程并非沿着磁化时的 OS 段退回。从图 3.10.2 可知，当磁化场撤消，即 $H=0$ 时，磁感应强度仍然保持一定数值 $B=B_r$ 称为剩磁（剩余磁感应强度）。

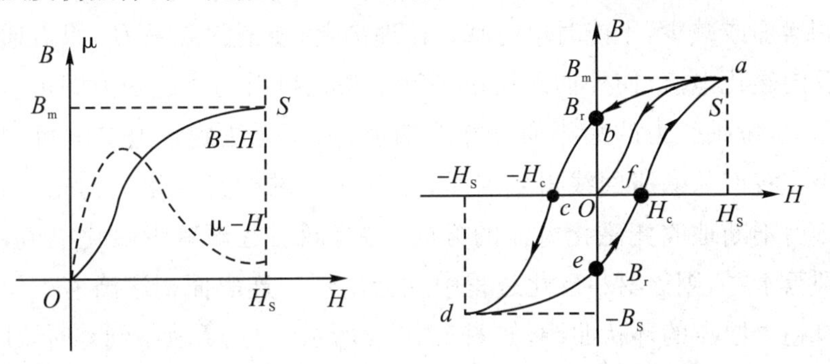

图 3.10.1 磁化曲线和 $\mu-H$ 曲线 **图 3.10.2 起始磁化曲线与磁滞回线**

若要使被磁化的铁磁材料的磁感应强度 B 减少到 0，必须加上一个反向磁场并逐步增大。当铁磁材料内部反向磁场强度增加到 $H=-H_c$ 时（图 3.10.2 上的 c 点），磁感应强度 B 才等于 0，达到退磁。如图 3.10.2 所示中 bc 段曲线称作退磁曲线，H_c 为矫顽磁力。如图 3.10.2所示，当 H 按 $O\to H_S\to O\to -H_c\to -H_S\to O\to H_c\to H_S$ 的顺序变化时，B 相应沿 $O\to B_m\to B_r\to O\to -B_m\to -B_r\to O\to B_m$ 顺序变化。图 3.10.2 中的 oa 段曲线称作起始磁化曲线，所形成的封闭曲线 $abcdefa$ 称为磁滞回线，bc 曲线段称为退磁曲线。由图3.10.2可知：

（1）当 $H=0$ 时，$B\neq 0$，这说明铁磁材料还残留一定的磁感应强度 B_r，通常称 B_r 为铁磁物质的剩余磁感应强度（简称剩磁）。

（2）若要使铁磁物质完全退磁，即 $B=0$，必须加一个反方向磁场 $-H_c$，这个反向磁场强度 $-H_c$（有时用其绝对值表示）称为该铁磁材料的矫顽磁力。

（3）B 的变化始终落后于 H 的变化，这种现象称为磁滞现象。

（4）H 上升与下降到同一数值时，铁磁材料内的 B 值并不相同，退磁化过程与铁磁材料过去的磁化经历有关。

（5）当从初始状态 $H=0$，$B=0$ 开始周期性地改变磁场强度的幅值时，在磁场由弱到强单调增加过程中，可以得到面积由大到小的一簇磁滞回线，如图3.10.3所示，其中最大面积的磁滞回线称为极限磁滞回线。

(6)由于铁磁材料磁化过程的不可逆性及其具有剩磁的特点，在测定磁化曲线和磁滞回线时，首先必须将铁磁材料预先退磁，以保证外加磁场 $H=0$，$B=0$；其次，磁化电流在实验过程中只允许单调增加或减少，不能时增时减。在理论上，要消除剩磁 B_r，只需通一反向磁化电流，使外加磁场正好等于铁磁材料的矫顽磁力即可。实际上，矫顽磁力的大小通常并不知道，因而无法确定退磁电流的大小。我们从磁滞回线得到启示，如果使铁磁材料磁化达到磁饱和，然后不断地改变磁化电流的方向，与此同时逐渐减少磁化电流，直到等于零，则该材料磁化过程中就会出现一连串面积逐渐缩小而最终趋于原点的环状曲线，如图 3.10.4 所示。当 H 减小到零时，B 亦同时降为零，达到完全退磁。

实验表明，经过多次反复磁化后，$B-H$ 的量值关系形成一个稳定的闭合的“磁滞回线”。通常以这条曲线来表示该材料的磁化性质。这种反复磁化的过程称为“磁锻炼”。本实验使用交变电流，所以每个状态都是经过充分“磁锻炼”的，随时可以获得磁滞回线。

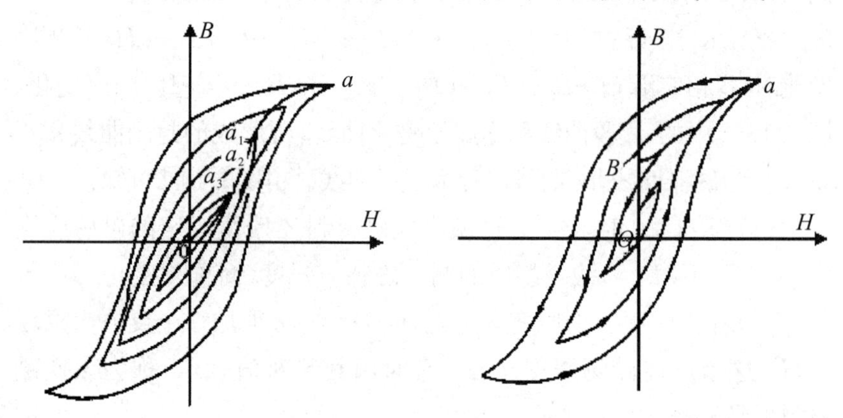

图 3.10.3　磁滞回线簇　　**图 3.10.4　退磁过程中的磁滞回线**

我们把图 3.10.3 中原点 O 和各个磁滞回线的顶点 a_1，a_2，…，a 所连成的曲线，称为铁磁性材料的基本磁化曲线，不同铁磁材料的基本磁化曲线是不相同的。为了使样品的磁特性可以重复出现，也就是指所测得的基本磁化曲线都是由原始状态（$H=0$，$B=0$）开始，在测量前必须进行退磁，以消除样品中的剩余磁性。

在测量基本磁化曲线时，每个磁化状态都要经过充分的“磁锻炼”;否则,得到的 $B \sim H$ 曲线即为开始介绍的起始磁化曲线,两者不可混淆。

3. 示波器显示 B～H 曲线的原理线路

本实验研究的铁磁物质是 EI 型铁芯试样。在试样上绕有励磁线圈 N_1 匝和测量线圈 N_2 匝,若在线圈 N_1 中通过磁化电流 I_1 时,此电流在试样内产生磁场,根据安培环路定律 $H \cdot L = N_1 \cdot I_1$,磁场强度的大小为

$$H = \frac{N_1 \cdot I_1}{L} \tag{1}$$

式中,L 为的 EI 型铁芯试样的平均磁路长度。

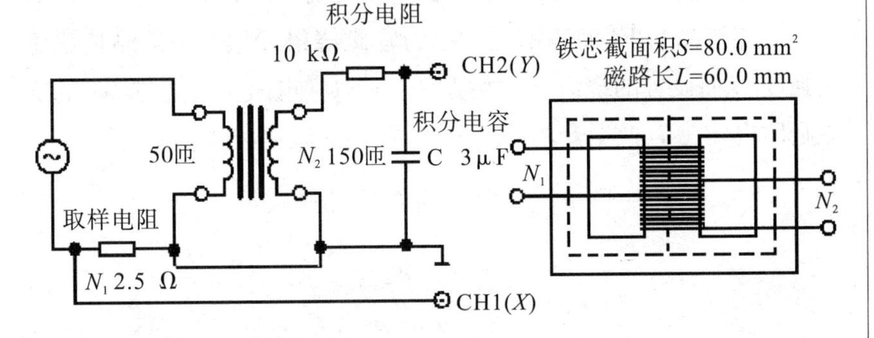

图 3.10.5 用示波器测量 $B \sim H$ 曲线的实验线路及铁芯示意图

由图 3.10.5 可知,示波器 CH1(X)轴偏转板输入电压为

$$U_X = I_1 \cdot R_1 \tag{2}$$

由式(1)和式(2),得

$$U_X = \frac{L \cdot R_2}{N_1} \cdot H \tag{3}$$

上式表明,在交变磁场下,任一时刻电子束在 X 轴的偏转正比于磁场强度 H。

为了测量磁感应强度 B,在次级线圈 N_2 上串联一个电阻 R_2 与电容 C 构成一个回路,同时 R_2 与 C 又构成一个积分电路。取电容 C 两端电压 U_C 至示波器 CH2(Y)轴输入,适当选择 R_2 和 C,使 $R_2 \gg \frac{1}{\omega \cdot C}$,则

$$I_2 = \frac{E_2}{\left[R_2^2 + \left(\frac{1}{\omega \cdot C}\right)^2\right]^{\frac{1}{2}}} \approx \frac{E_2}{R_2}$$

式中,ω 为电源的角频率,E_2 为次级线圈的感应电动势。

因交变磁场 H 在样品中产生交变的磁感应强度为 B,则

$$E_2 = N_2 \cdot \frac{\mathrm{d}\phi}{\mathrm{d}t} = N_2 \cdot S \cdot \frac{\mathrm{d}B}{\mathrm{d}t}$$

式中,$S=a \cdot b$ 为铁芯试样的截面积,设铁芯的宽度为 a,厚度为 b。则

$$U_Y = U_C = \frac{Q}{C} = \frac{1}{C}\int I_2\,\mathrm{d}t = \frac{1}{C \cdot R_2}\int E_2\,\mathrm{d}t = \frac{N_2 \cdot S}{C \cdot R_2}\int \mathrm{d}B$$

$$= \frac{N_2 \cdot S}{C \cdot R_2} \cdot B \tag{4}$$

观察和测量磁滞回线和基本磁化曲线的线路如图 3.10.5 所示。

待测样品为 EI 型矽钢片,N_1 为励磁绕组,N_2 为用来测量磁感应强度 B 而设置的绕组,R_1 为励磁电流取样电阻。设通过 N_1 的交流励磁电流为 i,根据安培环路定律,样品的磁化场强为

$$H = \frac{N_1 \cdot i}{L}(L\text{ 为样品的平均磁路长度})$$

$$\because i = \frac{U_1}{R_1}$$

$$\therefore H = \frac{N_1}{L \cdot R_1} \cdot U_1 \tag{5}$$

式中,N_1、L、R_1 均为已知常数,所以可以根据 U_1 来确定 H 的数值。

在交变磁场下,样品的磁感应强度瞬时值 B 是测量绕组 N_2 和 R_2C_2 电路给定的,根据法拉第电磁感应定律,由于样品中的磁通 φ 的变化,在测量线圈中产生的感生电动势的大小为

$$\varepsilon_2 = N_2 \cdot \frac{\mathrm{d}\varphi}{\mathrm{d}t}$$

$$\varphi = \frac{1}{N_2}\int \varepsilon_2\,\mathrm{d}tB = \frac{\varphi}{S} = \frac{1}{N_2 \cdot S}\int \varepsilon_2\,\mathrm{d}t \tag{6}$$

式中,S 为样品的截面积。

如果忽略自感电动势和电路损耗,则回路方程为

$$\varepsilon_2 = i_2 \cdot R_2 + U_2$$

式中,i_2 为感生电流,U_2 为积分电容 C_2 两端电压。设在 Δt 时间内,i_2 向电容 C_2 的充电电量为 Q,则

$$U_2=\frac{Q}{C_2}$$

$$\therefore \varepsilon_2=i_2R_2+\frac{Q}{C_2}$$

如果选取足够大的 R_2 和 C_2，使 $i_2R_2 \gg \frac{Q}{C_2}$，则

$$\varepsilon_2=i_2\cdot R_2$$

$$\because i_2=\frac{\mathrm{d}Q}{\mathrm{d}t}=C_2\cdot\frac{\mathrm{d}U_2}{\mathrm{d}t}$$

$$\therefore \varepsilon_2=C_2\cdot R_2\cdot\frac{\mathrm{d}U_2}{\mathrm{d}t} \tag{7}$$

由式(2)、(3)，可得

$$B=\frac{C_2\cdot R_2}{N_2\cdot S}\cdot U_2 \tag{8}$$

式中，C_2、R_2、S 均为已知常数，所以可以根据 U_2 来确定 B_0。

综上所述，将图 3.10.5 中的 U_1 和 U_2 分别加到示波器的“X 输入”和“Y 输入”便可观察样品的 $B-H$ 曲线。

四、实验内容及步骤

用示波器和动态磁滞回线实验仪测定样品 1 和样品 2 的磁滞特性。

(1)选样品 1，按如图 3.10.6 所示电路图连接线路，U_H 和 U_B(即 U_1 和 U_2)分别接示波器的“X 输入”和“Y 输入”，插孔上端为公共端。

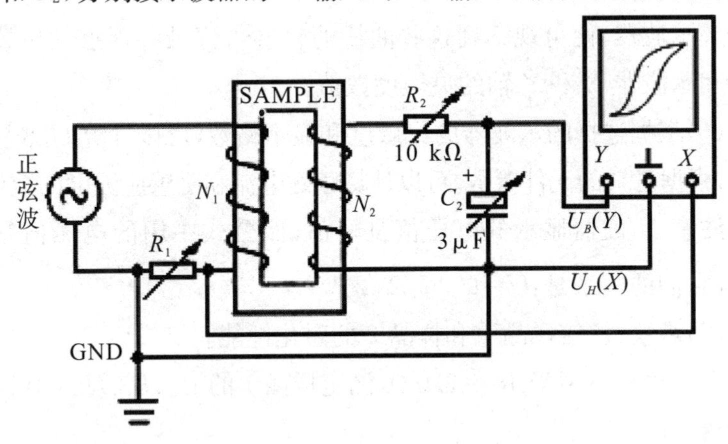

图 3.10.6　磁滞回线实验仪及原理图

(2)按图3.10.6中所标注的元件参数设置元件的参数值:取样电阻:$R_1=2.5\ \Omega$,积分电阻:$R_2=10\ \Omega$,积分电容:$C=3\ \mu F$。

(3)接通示波器和磁滞回线实验仪的工作电源,在无信号输入的情况下,把示波器的光点调节到坐标网格中心。

(4)调节磁滞回线实验仪信号输出旋钮,并分别调节示波器X和Y轴的灵敏度,使显示屏上出现图形大小合适的磁滞回线。若图形顶部出现编织状的小环,如图3.10.7所示,这时可降低励磁电压U予以消除。记录曲线上各点对应的X、Y坐标数值(电压值)。

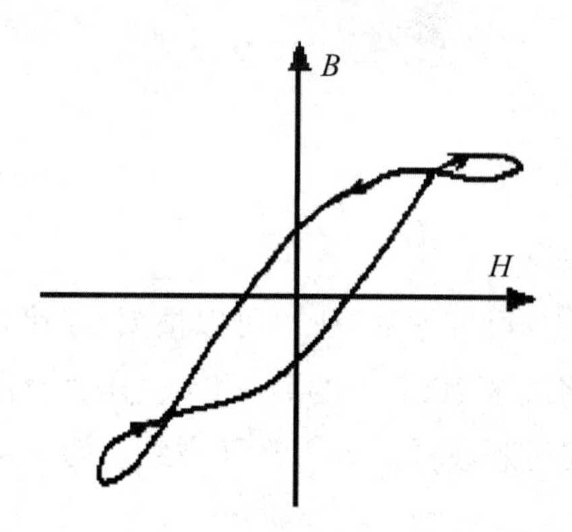

图3.10.7　U_2和B的相位差因素引起的畸变

(5)观察基本磁化曲线。从$U=0$开始,逐渐提高励磁电压,可以在示波器显示屏上观察到面积由小到大一个套一个的一簇磁滞回线。这些磁滞回线顶点的连线就是样品的基本磁化曲线(如果用长余辉示波器,便可观察到这些曲线的轨迹),记录各顶点的位置坐标值和示波器X和Y轴的灵敏度数值。

(6)根据选择的示波器的灵敏度和显示格数,可以计算U_1、U_2的数值;根据已知的元件参数,可以计算励磁电流和磁感应强度的数值。

注意:示波器显示的电压值是峰值,而公式中用的电压值是有效值,它们的关系是:$U=U_{P-P}/2\sqrt{2}$。

(7)观察、比较样品1和样品2的磁化性能。

(8)令$U=3.0\ \text{V}$、$R_1=3.0\ \Omega$,测定样品1的B_m、B_r、H_C和$|BH|$等参数。

(9)取步骤7中的H和其相应的B值,用坐标纸绘制$B-H$曲线(如何取数？取多少组数据？自行考虑)，并估算曲线所围面积。

(10)注意事项：积分电阻不宜小于 10 Ω，积分电容不宜小于 3 μF；否则，可能会引起磁滞回线图形发生畸变。

五、实验数据处理

样品 1 和样品 2 为尺寸(平均磁路长度 L 和截面积 S)相同而磁性不同的两只 EI 型铁芯，两者的励磁绕组匝数 N_1 和磁感应强度 B 的测量绕组匝数 N_2 完全相同，$N_1=50$ T，$N_2=150$ T，$L=6.0\times10^{-2}$ m，$S=8.0\times10^{-5}$ m^2。励磁电流取样电阻：$R_1=2.5$ Ω(0.5～5 Ω)，积分电阻 $R_2=10$ kΩ，积分电容 $C_2=3$ μF(3～11 μF)。

表 3.10.1　基本磁化曲线与 $\mu-H$ 曲线数据记录

U(V)	H(A/m)	B(mT)	$\mu=B/H$(H/m)
0.5			
1.0			
1.2			
1.5			
1.8			
2.0			
2.2			
2.5			
2.8			
3.0			

表 3.10.2 $B-H$ 关系曲线实验数据记录

$H_C=$________，$B_r=$________，$B_m=$________，$[BH]=$________

N_0	H(A/m)	B(mT)	N_0	H(A/m)	B(mT)

思考题

什么是剩磁，如何消除剩磁，什么是磁滞回线？

（赵　艳）

实验 11 模拟 CT

一、实验目的

(1)了解 CT 成像的基本原理。

(2)学会运用迭代法进行图像重建。

(3)理解体素、灰度等概念,了解 CT 值的计算。

(4)体会模拟实验在临床上的意义。

二、实验仪器

MCT-D1 型模拟 CT 实验仪。

三、实验原理

1. 基本概念

(1)体素。

将密度不均匀的介质分成若干个很小的体积元,每一个体积元可视为均匀介质,体积元中的 μ 值相同,该体积元称为体素。

(2)CT 的定义。

CT 是采用高度准直的 X 线束从多个方面沿人体的某一选定的断层进行扫描,通过测定穿射人体的剩余 X 线量,计算出该层面各个单位体积的吸收系数,即 CT 值,然后根据 CT 值重建图像的一种检查技术。

(3)图像重建。

图像重建是指先计算每个体素的衰减系数,然后将其转换成合适的图像像素值的过程。

(4)窗宽窗位。

CT 值的范围从-1000 到+1000,要用 2000 个灰阶来表示黑白图像,但是不管是在监视器上还是在胶片上都无法一次显示这么多灰阶,人眼通常最多能分辨 16 个灰阶,所以全部可视灰阶只能对应某一感兴趣的 CT 值区间,这一区间称为窗宽,窗宽范围的中心称为窗位。窗位的选择大致相当于目标结构 CT 值的中间值,窗宽能确定图像的对比度。要显示 CT 值相差非常小的组织结构,例如,脑部应选择较窄的窗宽;对于相差较大的部位,例如肺部或颅骨,应选择较宽的窗宽,在实验中可以通过改变窗宽或窗位来了解图像灰度的变化规律。

2. 朗泊(Lambert)定律

单色平行 X 射线束通过物质时,沿入射方向 X 射线强度的变化服从指数衰减规律,即

$$I_1 = I_0 e^{-\mu d}$$

式中,I_0 为入射 X 的强度,I_1 是通过厚度为 d 物质层后的射线强度,μ 称为线性衰减系数。

注意:实验中使用硅光电池转换的电压表示激光照度。

3. 实验方法

(1)用同种介质有机玻璃代表相同性质的不同体素(其长度为 d),用半导体激光器的光束代替 X 射线,经过至少两次照射即可计算出 μ 值。

(2)我们用四种不同介质的正方体有机玻璃组合在一起,代表四个不同密度的体素单元,且用半导体激光器经过四次照射得到四个数据,经迭代法计算出每个小正方体的线性率减系数,迭代法的计算方法由计算机给出。

(3)用红色的八面体代替人体的体积元,将若干个八面体摆放在一起模拟人体,通过穿射八面体模拟 CT 对人体的扫描,将扫描结果转换成 CT 图像。

(4)每次测量可以用万用表测量,进行手动计算,也可以输入计算机进行自动计算。

4. CT 值的计算

X 射线穿射人体衰减的规律为

$$I_1 = I_0 e^{-\mu d}$$

式中,μ 为物体的线性衰减系数,d 为所取人体小体素单位的长度。

由于人体各个组织的密度并不均匀,那么将人体分成无数个小体素后,每个体素的线性衰减系数 μ 也并不相同。由此,可得方程

$$I_n = I_0 e^{-(\mu_1+\mu_2+\cdots+\mu_n)d}$$

$$\mu_1 + \mu_2 + \cdots + \mu_n = -[\ln(I_0/I_n)]/d$$

经 CT 重建的图像应是衰减系数 μ 的分布，但人体内大部分软组织的 μ 值都与水的 μ 值很接近。水的 μ 值为 0.19 cm^{-1}，脂肪的 μ 为 0.18 cm^{-1}，两者仅差 0.01 cm^{-1}，其差值约为水的 μ 值的 5%。若直接以这些 μ 值成像，则软组织间的差异很难用他们来区别。为了显著地反映组织间的差异，引入 CT 值，它的定义为

$$CT = 1000 \times (\mu_t - \mu_w)/\mu_w$$

式中，μ_t、μ_w 分别为组织及水的线性衰减系数。CT 值又称为 Hounsfield 数，简称 H。显然可见，水的 H 为 0。$H>0$，表示 $\mu_t>\mu_w$；$H<0$，表示 $\mu_t<\mu_w$。表3.11.1给出了人体不同组织的 CT 值，仅供各位同学参考与了解。

表 3.11.1　人体不同组织的 CT 值

组织分类	CT 值	组织分类	CT 值
空气	−1000	脑灰质	36～46
脂肪	−100	脑白质	22～32
水	0	软组织	50～150
血液	10～80	骨骼	200～1000

5. 迭代法重建图像

经断层扫描后，我们知道了某一层每个小体素单元的 CT 值。按 CT 值重建图像时要经过复杂的计算。本实验采用一种简单的图像重建方法——迭代法。

首先对一幅图像的各个像素给予一个任意的初始值，并利用这些假设数据计算 X 射线束穿过物体时可能获得的投影值，然后用这些计算值与实际投影值进行比较，根据两者的差异获得一个修正值，再用这些修正值修正各对应 X 射线穿过物体后的诸像素值。如此反复迭代，直到计算值和实测值接近，并达到要求的精度为止。

下面以 4 个像素为例，对迭代法过程做简单介绍。设每个像素对 X 射线的衰减量为 1、2、3、4，各方向总和为 3、7、4、6。迭代过程如下：

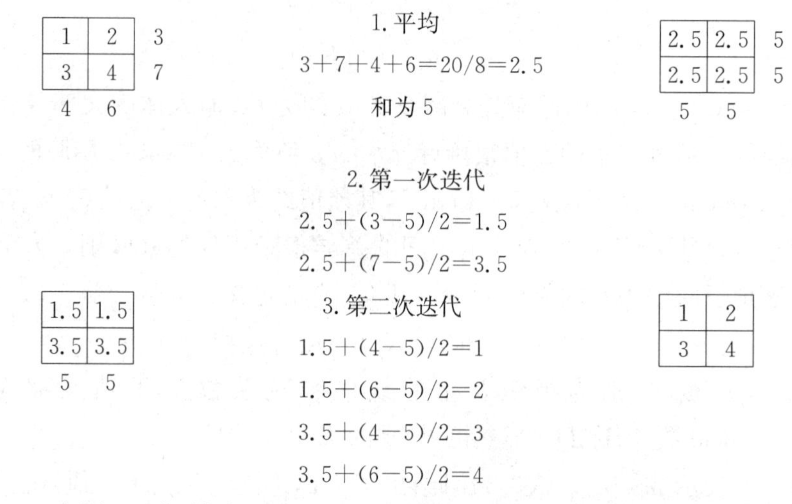

实际CT扫描中，需要从一个横断面的许多视角入射X射线，以便测得大量“衰减系数之和”，即所谓数据采集过程。利用各单元体的衰减系数即可建立体层图像。

四、实验注意事项

(1)开机前应检查仪器是否正常。

(2)开机待机5 min后再进行实验。

(3)激光照射待测物体有一定的反射，反射回来的光束要对准激光器发射中心。

(4)做灰度认识实验前先将显示器的亮度和对比度均调整到50%。

(5)本仪器采集电压范围为0～5 V，由于四方块和八面体的工艺问题，激光照射后有部分散色光或反色光，导致在实验过程中采集电压过大，此时需要重新采集数据。

(6)软件安装步骤。打开光盘上的“模拟CT安装包”，点击“setup.exe”，安装结束后，将安装包目录下的“123”文件夹复制到已安装好的目标文件夹下，运行“开始”菜单里的“模拟CT实验”，即可进入软件主界面。

(7)实验结束后，请退出操作界面后再关闭仪器。

五、实验内容及步骤

第一部分:实验前准备。

实验前请检查以下配件是否备齐:

游标卡尺,万用表,串口线,电源线,八面体若干,三个长度不等的有机玻璃长方体,四方块一个,载物托一个,实验软件一套。

第二部分:观看多媒体教学片。

打开图标"CT 原理简介",观看多媒体教学片,理解 CT 成像原理,掌握图像重建的迭代法原理。

第三部分:计算机模拟断层扫描实验。

(1)打开模拟 CT 实验仪,预热 5 min。

(2)打开实验仪配套软件,进入模拟 CT 实验软件主界面,如图 3.11.1 所示。

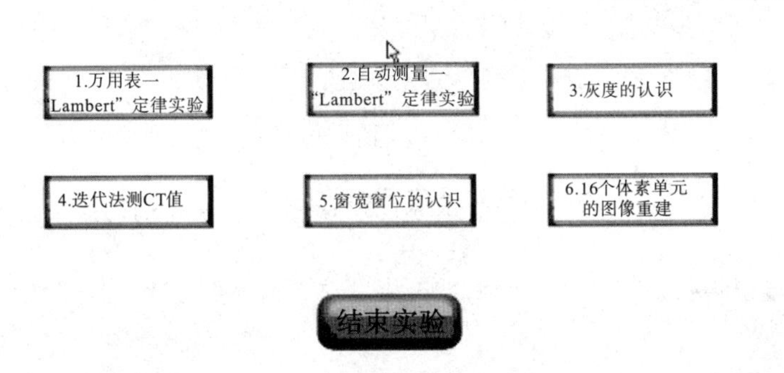

图 3.11.1 模拟 CT 实验软件主界面

(3)实验第一项,万用表测量。

①将万用表接在仪器的电压输出端,将三个长度不等的蓝色长方体按图示顺序依次放入载物托上,用激光穿射蓝色长方体平滑面,每穿射一次从万用表上读取一次电压值,并将数据填写到相应的文本框中。

②用游标卡尺测量三个蓝色长方体的长度,将其输入相应的文本框。根据 Lambert 定律自行推导 μ 值,并填入文本框。

③填写实验报告,并用计算机验证计算结果。如有错误,按计算机提示进行更正。本项实验结束返回主窗体。

(4)实验第二项,自动测量。

①将三个长度不等的蓝色长方体按图示要求放入载物托上,用激光穿射蓝色长方体平滑面,每穿射一次用计算机进行采集电压值,并将数据填写到相应的文本框中。

②用游标卡尺测量三个蓝色长方体的长度,输入相应的文本框,点“运算”,由计算机给出μ值进行校验数据,如有错误,请重新采集数据。本项实验结束返回主窗体。

(5)实验第三项,灰度的认识。

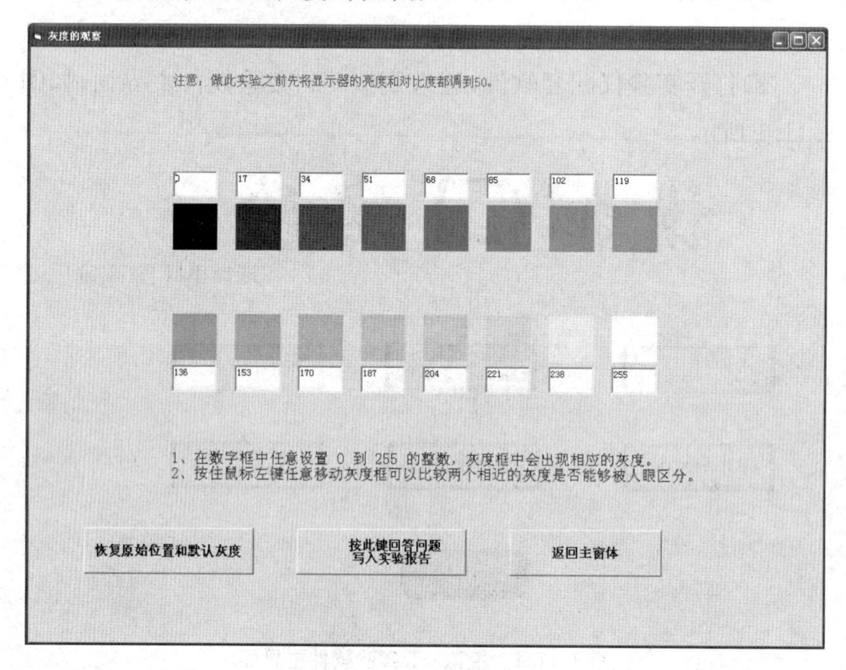

图 3.11.2 灰度的观察

如图 3.11.2 所示为默认的灰度,使用者可自行在文本框中输入0～255 的整数,即可出现相应的灰度,按住鼠标左键可任意移动灰度框,可以比较两个相近的灰度是否能被人眼区分。按要求回答问题并填写实验报告,本项实验结束返回主窗体。

(6)实验第四项,迭代法测 CT 值。(鼠标移到每步时会弹出说明对话框)

①将四方块放置在载物托上，按图示的四条光路进行数据采集，第五次不穿过任何物体进行采集，由计算机读入数据。

②点选“自动计算 μ 值”，由计算机根据前一步采集的数据计算四种介质的 μ 值。

③点选“自动计算 CT 值”，将四种介质 μ 值转化为相应的 CT 值。

④前几步准确无误后，即可重建四方块的灰度图像。按要求回答问题并填写实验报告，本项实验结束返回主窗体。

(7)实验第五项，窗宽窗位的认识。

①先看窗宽窗位说明，将前次实验的 A,B,C,D 四种介质的 CT 值输入文本框，再次重建图像。

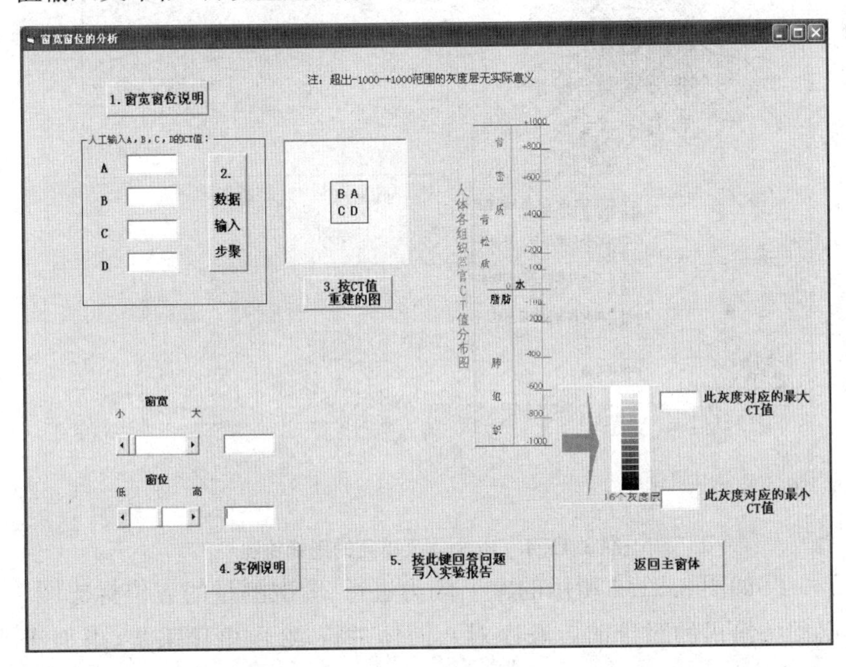

图 3.11.3　窗宽窗位的分析

②如图 3.11.3 所示为人体各组织的 CT 值分布图，调节左侧的窗宽滚动条或窗位滚动条可以观察重建图像的灰度变化，窗宽和窗位的变化情况也可直接反映在图 3.11.3 中，这样可以更加容易理解窗宽和窗位的概念。

③本项实验中有临床 CT 图实例，可根据它来理解窗宽和窗位

在识别CT图中的作用。点击“实例说明”进入，出现两个界面，上面是“实例说明注解”，下面是名为“ezDICOM”的程序界面。根据提示进行实例操作。

④按要求回答问题，并填写实验报告，本项实验结束返回主窗体。

(8)实验第六项，16个体素单元的图像重建。

①用若干个八面体在载物台上任意摆放某一图形。进行电压校准，分别采集无八面体，一个八面体，两个八面体，三个八面体穿射时的电压值，计算其平均参考电压值。

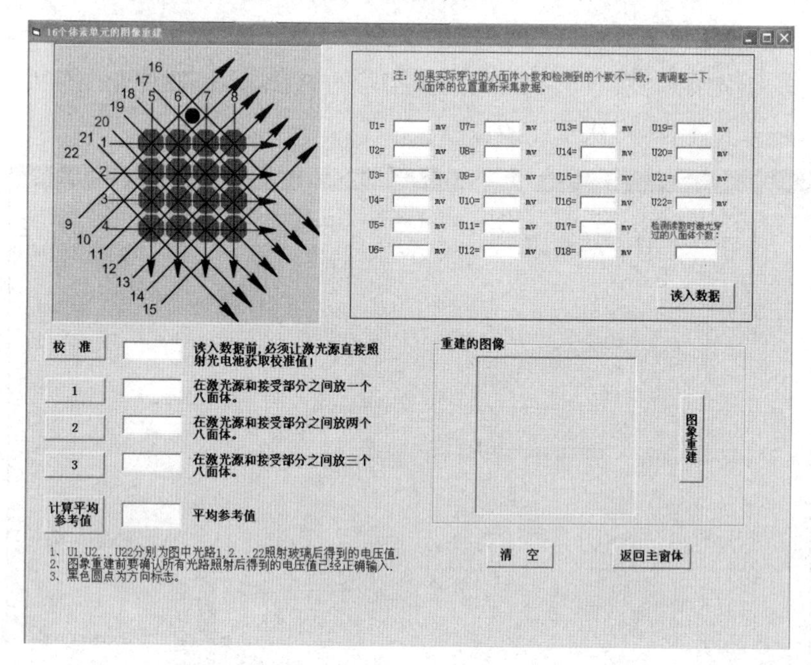

图3.11.4　16个体素单元的图像重建

②如图3.11.4所示的左上侧为进行22次测量的方位标志图，必须按给出的测量前后顺序对八面体进行22次电压采集，类似于CT对人体进行扫描，采集的电压及穿过的八面体个数分别显示在图3.11.4中右上侧的文本框中。

③数据采集完毕后，进行图像重建，如实验过程中操作无误，即可获得正确的重建图像。本项实验结束返回主窗体。

思考题

1. 简述 CT 成像的原理。

2. 人眼能分辨的灰度级有多少个?

3. 在观测 CT 图像时,如何根据实际情况选择合适的窗宽及窗位?

(黄　海)

实验12　分光计的调节与用分光计和光栅测光波波长

一、实验目的

(1)了解分光计的结构及调节方法。

(2)了解光栅的性质，并测光波波长。

二、实验仪器

分光计，光栅，平面镜，放大镜，钠光灯。

分光计是一种光学实验中常用的精密仪器，广泛应用于测定光线的方向及各种角度。分光计的型号有多种，但其结构和调节方法基本相同，本实验使用的是JJY型分光计，其结构和调节方法如下。

1. 结构

分光计由五个部分组成：三角底座、载物平台、读数圆盘、望远镜和平行光管，如图3.12.1所示。

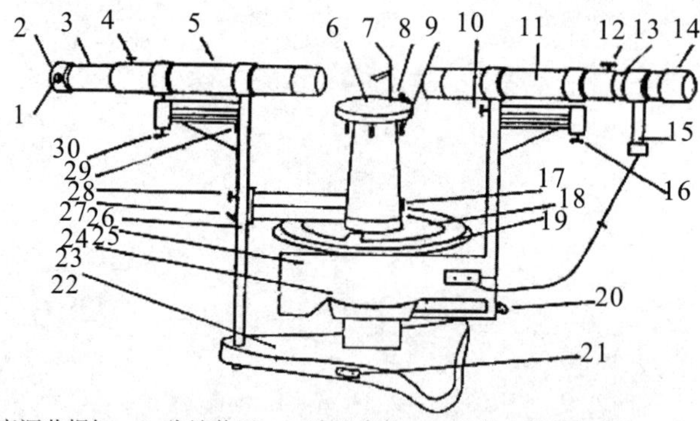

1. 狭缝宽度调节螺钉　2. 狭缝装置　3. 狭缝套筒　4. 狭缝套筒锁紧螺钉　5. 平行光管
6. 载物平台　7. 支架　8. 支架固定螺钉　9. 载物平台调平螺钉(3只)
10. 望远镜光轴水平调节螺钉　11. 望远镜　12. 目镜锁紧螺钉　13. 目镜套筒
14. 目镜调焦手轮　15. 望远镜照明装置　16. 望远镜光轴倾角调节螺钉
17. 载物台锁紧螺钉　18. 游标盘　19. 度盘　20. 望远镜转动微调螺钉
21. 望远镜照明电路插座　22. 底座　23. 望远镜止动螺钉(在图示对径位置)
24. 望远镜与度盘止动螺钉　25. 转座　26. 立柱　27. 游标盘转动微调螺钉
28. 游标盘止动螺钉　29. 平行光管光轴水平调节螺钉　30. 平行光管光轴倾角调节螺钉。

图3.12.1　分光计结构图

(1)三角底座。

底座中心有沿竖直方向的转轴,望远镜、载物平台及读数圆盘可绕该轴转动,底座上还装有供望远镜照明用的电源插座。

(2)载物平台。

平台上有用于固定物体的支架(7);平台下有三个螺钉(9),用于调节平台的倾斜度,拧松螺钉(17),可调节平台的高度。

(3)读数圆盘。

读数圆盘由度盘(19)和游标盘(18)组成,度盘分为 360°,有 720 条等分刻线,最小分格值为 30′。游标盘边缘对径方向有左右两个游标,每个游标上有 30 条等分刻线。角度的读数为度盘上所读出的"度"数,再加上游标上所读出的"分"数,即以角游标上的零刻线为准从度盘上读出所测角度的"度"数,再找游标盘上与度盘刻线刚好重合的刻线(为了看清楚,可手持放大镜寻找),并读出该根刻线在游标上的序数。若游标上的零刻线没有过度盘上的半度线,则此序数即为所测角度的"分"数;若游标上的零刻线过了度盘上的半度线,则此序数再加上 30 即为所测角度的"分"数。

为提高读数的准确度,每次测量都要从左右两个游标上读出读数,再按下述平均值公式求出望远镜的实际转角 θ。

$$\theta=\frac{1}{2}[(\theta'_{左}-\theta_{左})+(\theta'_{右}-\theta_{右})]$$

式中,$\theta_{左}$、$\theta_{右}$ 为第一次读数值(起始值),$\theta'_{左}$、$\theta'_{右}$为望远镜转动后的读数值,$\theta_{左}$、$\theta'_{左}$为左游标读数值,$\theta'_{右}$、$\theta_{右}$ 为右游标读数值。

度盘和游标盘可绕仪器中心转动轴转动。旋紧螺钉(17),可防止载物平台和游标盘的相对转动。这时若放松螺钉(28),游标盘和载物平台可一道绕轴转动;若旋紧螺钉(28),可通过螺钉(27)对游标盘和载物平台进行转动微调。

(4)望远镜。

望远镜(11)通过支臂与转座(25)固定在一起,可绕仪器中心转轴转动。旋紧螺钉(24),可防止望远镜和度盘的相对转动。这时若放松螺钉(23),望远镜可与度盘一道绕轴转动;若旋紧螺钉(23),可通过螺钉(20)对望远镜进行转动微调。调节螺钉(10)和(16),可改变望远镜光轴的位置。望远镜由物镜和目镜组成,与目镜相连的套筒(13)可沿望远镜光轴前后移动。套筒内装有一个分划板,如图3.12.2所示,分划板上有两个"十"字线,一个位于中心,另一个位于中心线上约3 mm处,接通望远镜的照明电路,还可在分划板中心线下约3 mm处看到一个小"十"字线。

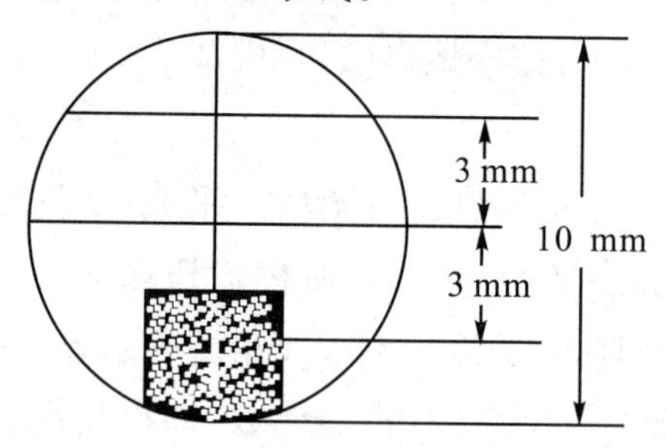

图3.12.2　分划板

(5)平行光管。

平行光管安装在与底座相连的立柱(26)上,一端装有一个凸透镜(物镜),另一端装有狭缝的套筒(3)。套筒可沿光轴前后移动,狭缝宽度在0.02～2 mm内可调。

调节螺钉(29)和(30),可改变平行光管光轴的位置。

2. 调节

为了精确测量,首先将分光计调节好,应当先进行粗调,即用眼睛估测,将载物平台、望远镜和平行光管大致调成水平;然后再对各部分进行调节,其步骤及方法如下。

(1)使望远镜聚焦于无穷远处。

①接通望远镜的照明电路,即把从变压器出来的6.3 V电源插头插到底座的插座上,把望远镜照明装置(15)上的插头插到转座的插座上。

②调节目镜的调焦手轮(14),使分划板上的"十"字刻线成像最清晰。

③将平面反射镜放在载物平台上。为了调节方便,将平面镜放在载物平台下两个螺钉 b_1、b_2 连线的中垂线上,如图3.12.3所示。

④放松螺钉(17),转动载物平台并适当调节载物台下螺钉 b_1 或 b_2,以便在望远镜内找到从平面镜反射回来的亮"十"字的光片。

⑤旋松螺钉(12),前后移动目镜,使得反射回来的亮“十”字成像清晰。

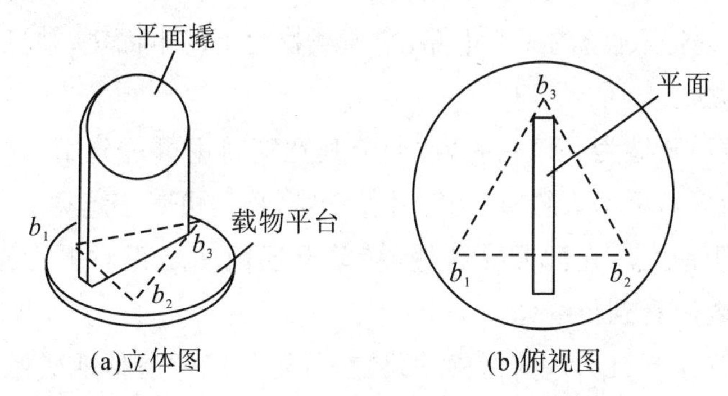

图 3.12.3　平面反射镜放在载物平台上三维的图

⑥调节载物台下的调平螺钉 b_1 或 b_2,并利用载物平台转动微调,将亮“十”字像调到与分划板上方的“十”字线重合。

⑦仔细地前后移动目镜,使亮“十”字像与“十”字线无视差地重合。在实验中,只要使亮“十”字像与分划板上方的“十”字线在同一平面内重合,此时望远镜即聚焦于无穷远处。

(2)使望远镜光轴与仪器转轴垂直。

①在上述调节基础上,将载物平台及平面镜转动 180°,如仍能看见反射回来的亮“十”字,则可继续进行下述调节;否则,应重新进行粗调,直至平面镜绕仪器转轴过 180°,前后均能看见反射回来的亮“十”字像,再继续下述调节。

②调节望远镜光轴的倾角螺钉(16),使亮“十”字像与分划扳上方的“十”字线之间的距离减少一半;再调节载物平台下的螺钉 b_1 或 b_2,使两者之间的距离完全消除。

③再将载物台及平面镜转过 180°,重复步骤②。如此反复调节,直至平面转过 180°,前后亮“十”字像都与分划板上方的“十”字线重合,此时望远镜的光轴与仪器转轴垂直。

④为了测量方便,还需将分划板上的“十”字线调成水平和竖直。其方法是:将载物台连同平面镜相对望远镜轻轻转动,观察亮“十”字像的移动方向是否和分划板上的水平刻线平行,若不平行,轻轻转动目镜(**注意**:不可前后移动目镜,以免破坏望远镜聚焦于无穷远处)使得亮“十”字像的移动方向与分划板上的水平刻线平行,

然后将螺钉(12)旋紧。

(3)调节平行光管产生平行光。

①关掉望远镜的照明电路,拿掉载物台上的平面镜,并打开狭缝至适当宽度。

注意:狭缝为一精密装置,调节其宽度时不可过分用力,顺时针拧动螺钉(1)可增大缝宽,逆时针拧动螺钉(1)可减小缝宽。

②用钠光灯光源照亮狭缝,转动望远镜使之正对平行光管,在望远镜内可看到狭缝像。

③旋松螺钉(4),前后移动狭缝,直至狭缝像清晰地成像在分划板平面上,且与分划板上的"十"字线无视差,此时平行光管产生的光是平行光。

(4)使平行光管光轴与仪器转轴垂直。

①调节平行光管光轴的倾角螺钉(30)以及水平调节螺钉(29),使得狭缝像在分划板上成中心对称,此时平行光管的光轴即与仪器转轴垂直。

②为了测量方便,还需将平行光管的狭缝调成竖直。其方法是:旋转狭缝,使狭缝像与分划板上的竖直刻线平行;(**注意**:不可前后移动狭缝)然后将螺钉(4)旋紧。

完成以上步骤,分光计即调节完毕。

三、实验原理

光栅是一种常见的光学元件,有透射光栅和反射光栅两种,本实验使用的是平面透射光栅,它相当于一组平行等宽、均匀排列的狭缝,如图 3.12.4 所示。

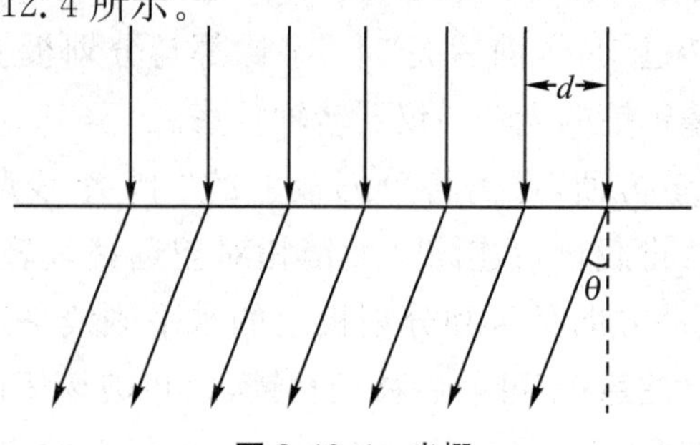

图 3.12.4 光栅

当一束平行光垂直投射到光栅平面上时，每条狭缝对光波都发生衍射，所有狭缝的衍射光又彼此发生干涉。根据夫朗和费衍射理论，如果衍射角符合下列条件：

$$d\sin\theta = k\lambda, k = 0, \pm 1, \pm 2, \cdots$$

则在该衍射角方向的光将会得到加强，而其他方向的光将会减弱、抵消。上式称为光栅方程。式中，θ 是衍射角，λ 是光波波长，k 是光谱的级数，d 是相邻两狭缝中心间的距离，称为光栅常数。

如果用会聚透镜将这些衍射后的平行光会聚起来，则在透镜的后焦平面上将出现一系列的亮线，这些亮线称为谱线。在 $\theta=0$ 的方向可以观察中央亮线，称为零级谱线；其他级数的谱线对称地分布在零线的两侧。

用分光计测出各条谱线的衍射角 θ，若已知光波波长，由光栅方程即可求出光栅常数 d；若已知光栅常数 d，则由光栅方程即可求出待测光波波长 λ。

必须在调好分光计的基础上调节光栅，其步骤及方法如下：

(1)调节光栅平面，使之与平行光管光轴垂直。

①用钠光灯源照亮狭缝，转动望远镜使得狭缝像在望远镜内的划板上成中心对称，随即固定望远镜。

②把光栅放在载物平台上，其位置同平面镜一样，如图 3.12.3 所示，即使光栅在 b_1、b_2 连线的中垂线上，b_3 在光栅平面内。

③关掉钠光灯源，接通望远镜内的照明电路。转动载物平台使光栅基本上垂直于望远镜，以便在望远镜内看到从光栅平面反射回来的亮“十”字像。

④调节载物台的转动微调及载物台下的螺钉 b_1 和 b_2，使得从光栅平面反射回来的亮“十”字像与分划板上方的“十”字线完全重合，此时光栅平面垂直于平行光管光轴，随即固定游标盘、载物台及光栅。

(2)调节光栅，使其刻痕与仪器转轴平行。

①接通钠光灯源，关掉望远镜内的照明电路。

②放松望远镜的紧固螺钉(23)，转动望远镜，即可看见正负一、二级谱线分别位于零级谱线的两侧。注意观察各级谱线的中央是否在分划板的中间，若不在中间，则调节载物台下的螺钉 b，使各条

谱线的中央都经过分划板的中间。

③重新检查光栅平面是否仍与平行光管光轴垂直，若有改变，则要反复调节，直到光栅平面与平行光管光轴垂直以及光栅刻痕与仪器转轴平行这两个要求均能满足为止。

四、实验内容及步骤

（1）熟悉分光计的结构及调节方法，将载物平台、望远镜和平行光管大致调成水平。

（2）调节望远镜使之聚焦于无穷远处。

（3）调节望远镜光轴使之与仪器转轴垂直。

（4）调节平行光管使之产生平行光。

（5）调节平行光管光轴使之与仪器转轴垂直。

（6）调节光栅平面使之与平行光管光轴垂直。

（7）调节光栅使其刻痕与仪器转轴平行。

（8）测出 $k=0,1,-1,2,-2$ 级谱线的衍射角，并求出波长。

五、实验数据处理

（1）数据记录参考表格。

光谱级次(k)	左侧光谱角坐标 $\theta_{左}$	右侧光谱角坐标 $\theta_{左}$	光谱角度 θ	光波波长 λ
0				
1				
−1				
2				
−2				

（2）计算光波波长实验的平均值 λ。

思考题

1. 如何判别从平面镜反射回来的亮“十”字像与分划板上方的“十”字线无视差地重合？

2. 为什么说在经过了分光计的调节步骤(3)之后平行光管产生的是平行光？

3. 应用光栅方程时应满足什么条件？实验过程中是怎样保证这些条件得以满足的？

(柴林鹤)

实验13　棱镜折射率的测定

一、实验目的

(1)了解分光计的结构和调整技术。

(2)用自准直法测三棱镜的顶角。

(3)测三棱镜的折射率。

二、实验仪器

分光计，钠灯，三棱镜，平面镜等。

三、实验原理

1. 测三棱镜的顶角

(1)自准直法测三棱镜顶角 α 原理。

平行光线分别垂直入射到三棱镜的 AB，反射面(如图 3.13.1 所示)由原路返回的两反射线的方位为 T_1、T_2，则

$$\varphi = |T_2 - T_1| \text{ 或 } \varphi = 360° - |T_2 - T_1|$$

顶角为

$$\alpha = 180° - \varphi$$

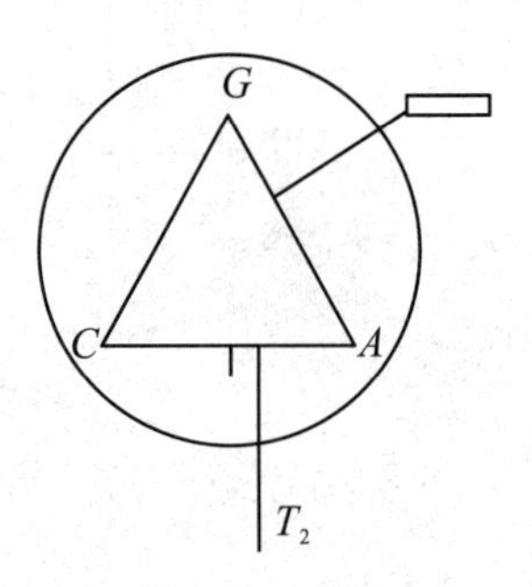

图 3.13.1　自准直法测三棱镜顶角 α 的光路图

(2)实际自准直法测三棱镜顶角 α 方法。

为消除偏心误差，使用双游标法测量，其计算公式为

$$\varphi = \frac{1}{2}(\varphi' + \varphi'')$$

$$\varphi' = |T'_2 - T'_1| \text{ 或 } \varphi' = 360° - |T'_2 - T'_1|$$

$$\varphi'' = |T''_2 - T''_1| \text{ 或 } \varphi'' = 360° - |T''_2 - T''_1|$$

则

$$\alpha = 180° - \varphi$$

式中，T'_1、T''_1是望远镜在 T_1 处两个读数窗口的读数；T'_2、T''_2是望远镜在 T_2 处两个读数窗口的读数。

注意：T 的下标 1，2 为方位，“′”代表左窗，“″”代表右窗。分光计的调整见实验十二。

2. 测三棱镜的折射率

由单色光的最小偏向角求折射率。通过光的反射和折射定律可以得到折射率 n 为

$$n = \frac{\sin i_1}{\sin i_2} = \frac{\sin \frac{1}{2}(\delta_{\min} + \alpha)}{\sin \frac{1}{2}\alpha}$$

式中，i_1、i_2、$\delta_{\min}$分别为某一单色光的入射角、折射角和最小偏向角，α 为三棱镜的顶角。

本次试验采用的单色光为钠黄光(波长约为 589 nm，通常记做 n_D)。

四、实验内容及步骤

1. 测三棱镜的顶角

(1)固定刻度盘(连同载物平台)的位置。

(2)望远镜对准 AB 面，微调望远镜方位使“十”字像处于法线与垂直准线的交点上，记录窗口读数 T'_1、T''_1。

(3)松开望远镜锁紧螺钉，转动望远镜对准 AC 面，重复(2)测量 T'_2、T''_2。

(4)重复(2)和(3)，共测量 6 次。

2. 测三棱镜的折射率

(1)如图 3.13.2 所示调整仪器，调节缝宽，使光谱线细而清晰地

成像在望远镜的分划板平面上。

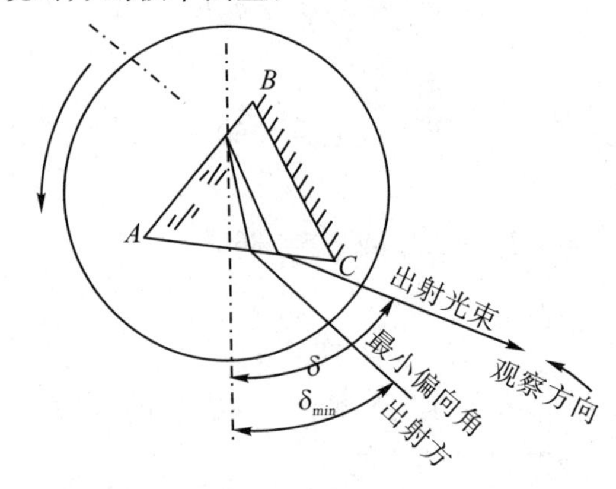

图 3.13.2 成像在分划板平面上的光谱线

(2)移去三棱镜,将望远镜对准平行光管,使望远镜准线对准狭缝中点,读出两个游标的读数 θ_1 和 θ_2。

(3)重新放上三棱镜,认定钠黄光谱线,使谱线向入射光方向靠拢,即减小偏向角 β,继续转动载物台,并转动望远镜跟踪该谱线,直至棱镜继续沿着同方向转动时谱线逆转,此转折点即为相应于该谱线的最小偏向角位置。

(4)通过望远镜观察所认定的谱线,并重复步骤(3)。

(5)读出此时的游标数 θ_1' 和 θ_2'。

(6)按 $\delta_{min}=\frac{1}{2}(|\theta_1'-\theta_1|+|\theta_2'-\theta_2|)$ 计算最小偏向角。

(7)重复测量 6 次及计算。

五、实验数据处理

(1)三棱镜顶角测量数据记录参考表格:

实验次数	方位	左窗口读数 T'	右窗口读数 T''
1	1		
	2		
2	1		
	2		

续表

实验次数	方位	左窗口读数 T'	右窗口读数 T''
3	1		
	2		
4	1		
	2		
5	1		
	2		
6	1		
	2		
平均值			

(2)实验数据处理,并计算出三棱镜顶角 α。

(3)三棱镜折射率数据记录参考表格:

实验次数	入射光线坐标计数		最小偏向角位置坐标读数		最小偏向角 δ_{min}
	左游标读数 θ_1	右游标读数 θ_2	左游标读数 θ_1'	右游标读数 θ_2'	
1					
2					
3					
4					
5					
6					

(4)计算三棱镜的折射率。

(柴林鹤)

实验14　旋光计原理及使用

一、实验目的

(1)掌握旋光计的基本原理,学会旋光计的使用。

(2)学习用旋光计测量旋光性物质溶液的旋光率和浓度。

二、实验仪器

旋光计,标准葡萄糖溶液试管,待测葡萄糖溶液试管。

三、实验原理

当平面偏振光在某些晶体或溶液中传播时,其振动面相对于原入射光的振动面会旋转一个角度,如图3.14.1所示,晶体或溶液的这种性质称为旋光性。能够使平面偏振光的振动面发生旋转的物质,被称为旋光物质,如石英、方解石、松节油及某些抗菌素溶液和糖溶液等。如果迎着光的传播方向看,某些旋光物质使偏振光的振动面沿顺时针方向旋转,这种物质称为右旋物质。能使偏振光的振动面沿逆时针方向旋转的物质,称为左旋物质。

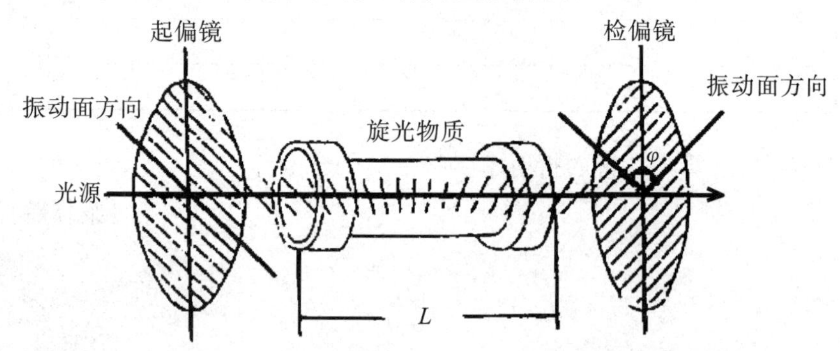

图3.14.1　偏振光的振动面旋转的实验原理图

实验证明,若旋光物质为溶液,则旋转角 φ(振动面旋转的角度)正比于溶液的质量浓度,此外旋转角还与入射光的波长及溶液的温度等有关。对溶液来说,振动面的旋转角为

$$\varphi = [\alpha]_{\lambda}^{t} CL \tag{1}$$

式中，L 为光线通过液体的传播距离，C 为溶液的质量浓度(代表每立方厘米溶液中所含溶质的质量)，α 为物质的旋光率。同一旋光物质对不同波长的光及不同温度具有不同的旋光率。在温度一定的情况下，物质的旋光率还与入射光波长的平方有关。实验室的旋光计常以钠光作光源，故波长已定。就大多数物质来讲，当温度升高1 ℃时，旋光率约减小千分之几。

通过对旋光角的测定，可检验溶液的浓度、纯度和溶质的含量，因此旋光测定法在药物分析、医学化验和工业生产及科研等领域内有着广泛地应用。在医、药学中常用的分析方法有比较法和间接测定法。

(1)比较法。

已知浓度为 C_1 的某种旋光性溶液，其厚度为 L_1，可测出其旋光角 φ_1。要测量同种未知浓度 C_2 的溶液，只要测定该溶液在厚度为 L_2 时的旋光角 φ_2，就可计算出未知浓度。由式(1)得

$$\varphi_1 = [\alpha]_{\lambda}^{t} \frac{C_1}{100} L_1$$

$$\varphi_2 = [\alpha]_{\lambda}^{t} \frac{C_2}{100} L_2$$

两式相除，得

$$C_2 = \frac{\varphi_2 L_1}{\varphi_1 L_2} C_1$$

如果两溶液厚度相同，则

$$C_2 = \frac{\varphi_2}{\varphi_1} C_1 \tag{2}$$

(2)间接测定法。

对于已知旋光率$[\alpha]_{\lambda}^{t}$ 的某种旋光性溶液，测出溶液厚度为 L_2 时的旋光角，就可由(1)式计算出浓度 C_2。

测定物质旋光角的仪器叫旋光计，旋光计的结构如图 3.14.2 所示。

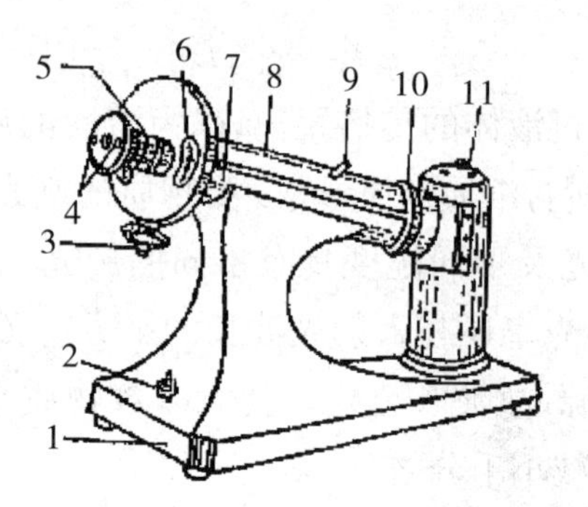

1.底座　2.电源开关　3.度盘转动手轮　4.读数放大镜　5.视度调节手轮
6.度盘及游标　7.镜筒　8.镜筒盖　9.镜盖手柄　10.镜盖连接　11.灯罩

图 3.14.2　旋光计的结构

旋光计的光学系统如图 3.14.3 所示。其中，半荫板是一种透光片，中间是有旋光作用的石英片，两侧是无旋光作用的玻璃片，它的作用是帮助我们判断亮度。要判别检偏器旋转后的亮度是否复原，就要涉及一个判别标准——亮度。若用我们的眼睛在没有对比的情况下进行判断，一定会产生很大误差。从单色光源射出的非偏振光经起偏器变成平面偏振光，并经过半荫板分成 P 和 P' 两部分偏振光。当盛液玻璃管中不装旋光物质时，P 和 P' 光振动面矢量按原方向入射到检偏器上，并在视野中产生三部分视场，左右两侧的光振动面相同。这三部分视场的光强度与检偏器透射轴的方向有关。

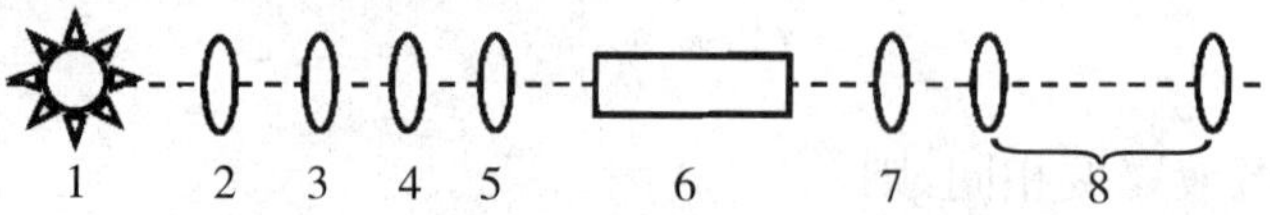

1.光源　2.毛玻璃　3.滤色镜　4.起偏镜
5.半荫板　6.试管 7.检偏镜　8.物、目镜组

图 3.14.3　旋光计光学系统简图

根据马吕斯定律，只有当检偏器的透射轴方向转到 P 与 P' 夹角平分线方向时，如图 3.14.4(b)和(d)所示，半荫板三部分的光强才相等，视场才会出现左右界线消失、亮度一致的情况；否则将出现中间亮两边暗，或中间暗两边亮的现象，如图 3.14.4(a)和(c)所示。当检偏器透射轴方向处于 3.14.4(d)和(b)情况都可作为检偏器旋转位置的标准，不过，因为人眼对光强度比较小的情况比较敏感，也

就是说，视场昏暗时，光亮度的改变更容易为眼睛所判断，因此，通常把检偏器透射轴在 3.14.4(b)位置的光强定作零度视场，并把此无旋光物质时所对应的旋光计读数盘的刻度作为 θ_0，一般对应于仪器读数盘的零度。

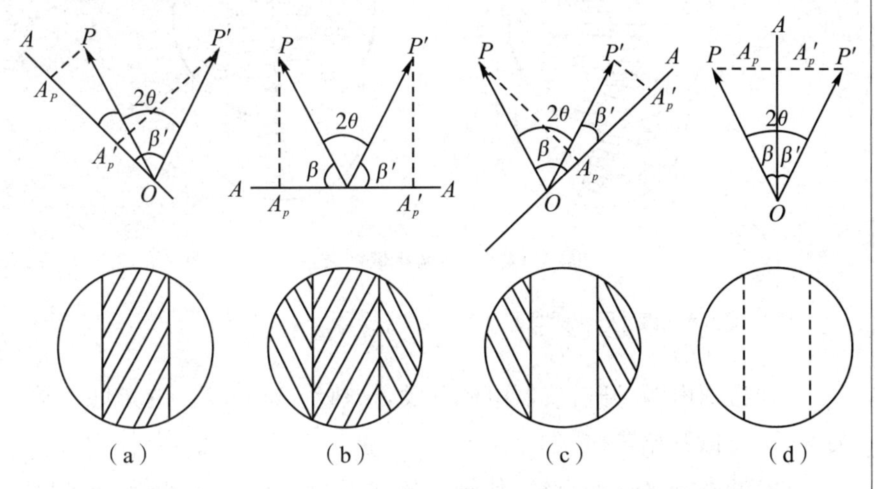

图 3.14.4　半荫板原理

当盛液玻璃管装入旋光物质时，光振动面 P、P' 的振动面同时旋转一个角度，如图 3.14.1 所示，此时视场发生了变化。为了找到新的零度视场，必须将检偏器转到新的位置 θ，前后两次零度视场的读数差($\theta-\theta_0$)即为溶液的旋光角 φ。θ 和 θ_0 的读数值可通过旋光计的读数放大镜从读数度盘上读出。为清除读数度盘的偏心差，仪器采用双游标读数。度盘分 360 格，每格 1°；游标分 20 格，等于度盘的 19 格，用游标可直接读到 0.05°。度盘和检偏器固定为一体，用度盘转动手轮带动检偏器旋转。游标窗前方装有两块 4 倍的放大镜，供读数时使用，如图 3.14.5 所示，从读数盘上分别读出左、右的刻度值 θ_L 和 θ_R，则

$$\theta_0=(\theta_{L_0}+\theta_{R_0})/2,\quad \theta=(\theta_L+\theta_R)/2$$

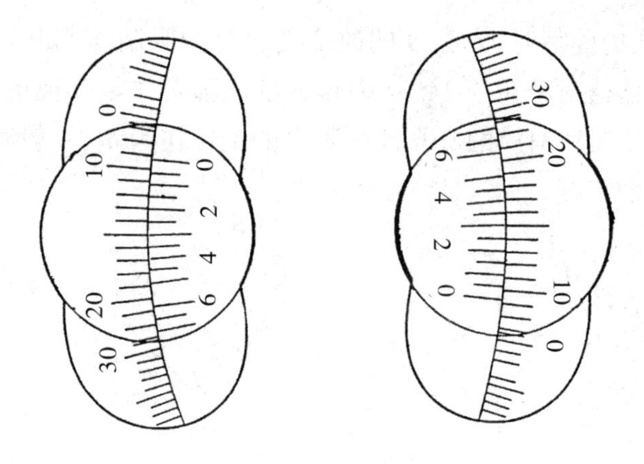

图 3.14.5　双游标读数方法

四、实验内容及步骤

(1)接通电源,开启仪器电源开关,预热约 5 min 后,钠光灯正常发光,则可以开始工作。

(2)调节旋光计的目镜,使视场区域及分界线十分清晰;转动度盘转动手轮,观察并熟悉视场明暗变化的规律。

(3)检查仪器零位是否准确,即在仪器未放试管时,将旋光计调到如图3.14.4(b)所示的状态,看到视场三部分亮度均匀且较暗时,记下刻度盘上游标窗口上的相应读数作为零位读数。

(4)将盛满已知浓度的糖溶液试管放入仪器内,观察试管内有无气泡,如发现气泡应使之进入试管的凸出部分,以免影响测量结果。旋转度盘转动手轮使视场亮度均匀且较暗,如图 3.14.4(b)所示的状态,从刻度盘上游标窗口记下相应的角度,重复测量 3 次,计算旋光率。

(5)将盛满未知浓度的糖溶液试管放入仪器内,重复步骤(4)的过程。

五、实验数据处理

在表格中作记录,根据实验数据,计算已知浓度溶液的旋光率 $[\alpha]_\lambda^t$,用比较法和间接测定法计算未知糖溶液的浓度 C_2。

项目 次数	未放置试管时读数		放入装有溶液试管后读数		旋转角度
	左游标读数 φ_{0L}	右游标读数 φ_{0R}	左游标读数 φ_{L}	右游标读数 φ_{R}	$\overline{\varphi}=\frac{\lvert\varphi_{L}-\varphi_{0L}\rvert+\lvert\varphi_{F}-\varphi_{0R}\rvert}{2}$
1					
2					
3					
平均值					

思考题

1. 根据测量结果,试问糖溶液是左旋还是右旋?

2. 旋光计的精度是多少?读数时为什么采用双游标读数法?

3. 旋光计中若不使用半荫板测量能否进行?两者结果有无差别?

(王　奕)

实验15 测量薄凸透镜的焦距

透镜是光学仪器中最基本的元件之一，反映透镜特性的一个主要参数是透镜的焦距，它决定了透镜成像的位置和性质（大小、虚实、倒立）。本实验在光具座上采用两种不同方法分别测定凸薄透镜的焦距，以便了解透镜成像的规律，掌握光路调节技术，比较两种测量方法的优缺点，为今后正确使用光学仪器打下良好的基础。

一、实验目的

(1)学会测量透镜焦距的几种方法。

(2)掌握简单光路的分析和光学元件调节的方法。

(3)熟悉光学实验的操作规则。

二、实验仪器

带有毛玻璃的白炽灯光源，物屏，凸透镜，二维调整架，平面反射镜，白屏，滑座，导轨。

三、实验原理

1. 用自准法测薄凸透镜焦距

如图3.15.1所示，在待测凸透镜L的左侧放置被光源照明的品字形物屏P，在另一侧放一平面反射镜M，移动透镜（或物屏），当物屏P正好位于凸透镜之前的焦平面时，物屏P上任一点发出的光线经透镜折射后将变为平行光线，然后被平面反射镜反射回来；再经透镜折射后，仍会聚在它的焦平面上，即原物屏平面上，形成一个与原物大小相等方向相反的倒立实像。此时物屏P到透镜L之间的距离就是待测透镜的焦距f。

由于这个方法是利用调节实验装置本身使之产生平行光以达到聚焦的目的，所以称为自准法，该方法测量的误差一般在1％～5％。

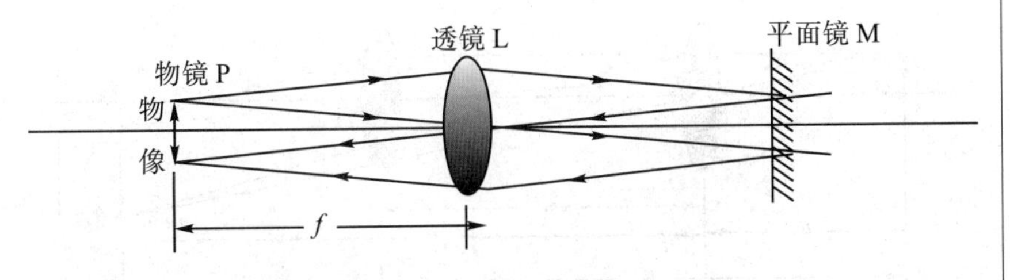

图 3.15.1　自准法测透镜焦距原理光路图

2. 用共轭法测薄凸透镜焦距

利用凸透镜物像共轭对称成像的性质测量凸透镜焦距的方法叫共轭法(贝塞尔法,二次成像法)。所谓“物像共轭”是指物与像的位置可以互换,透镜位置与像的大小一一对应。

固定物与像屏间的距离不变,并使间距 L 大于 4 倍焦距,如图 3.15.2 所示,则当凸透镜置于物体与像屏之间时,移动凸透镜可以找到两个位置,使像屏上都能得到清晰的实像,一个为放大的像,一个为缩小的像。分别记下两次成像时透镜距物的距离 u_1、u_2($d=|u_1-u_2|$),距屏(像)的距离 v_1、v_2,根据光线的可逆性原理,这两个位置是“对称”的,即

$$u_1 = v_2, u_2 = v_1$$

则

$$L-d = u_1 + v_2 = 2u_1 = 2v_2$$
$$u_1 = v_2 = (L-d)/2$$

而

$$v_1 = L - u_1 = L-(L-d)/2 = (L+d)/2$$

将结果代入透镜的成像公式

$$1/u + 1/v = 1/f$$

得透镜的焦距为

$$f = (L^2 - d^2)/4L$$

由此便可得到透镜的焦距,这个方法只要在光具座上确定物、像屏以及透镜二次成像时其滑座所在位置就可较准确的求出焦距 f。这种方法无须考虑透镜本身的厚度,测量误差在 1%左右。

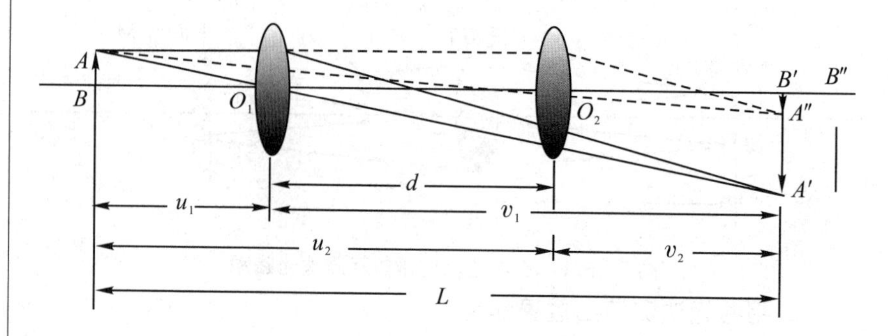

图 3.15.2　共轭法测透镜焦距原理光路图

四、实验注意事项

(1)光学元件应轻拿轻放,要避免振动和磕碰,以防破损。

(2)不要对准光学元件说话、咳嗽、打喷嚏,以防污损。

(3)光学元件表面附有灰尘、污物时,不要用手、布或纸去擦,要用专用的纸去擦拭或做特殊处理。

五、实验内容及步骤

1. 用自准法测薄凸透镜焦距

(1)将全部元件按如图 3.15.3 所示的顺序摆放在导轨上,靠拢,调至共轴;然后拉开一定的距离。

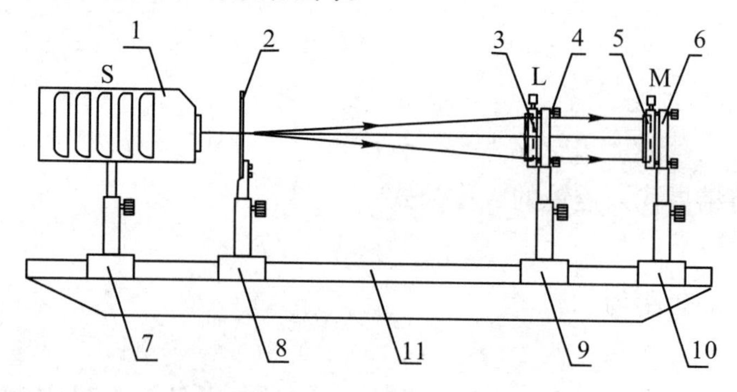

1. 带有毛玻璃的白炽灯光源 S　2. 物屏 P　3. 凸透镜 L　4. 二维调整架
5. 平面反射镜 M　6. 二维调整架　7. 滑座　8. 滑座　9. 滑座　10. 滑座　11. 导轨

图 3.15.3　自准法测凸透镜焦距实物光路图

(2)前后移动凸透镜 L,使在物屏 P 上成一清晰的品字形像。

(3)调整反射镜 M 的倾角,使物屏 P 上的像与物重合。

(4)再前后微移透镜L,使物屏P上的像既清晰又与物同大小。

(5)分别记下物屏P和透镜L的位置a_1、b_1。

(6)将物屏P和透镜L都转动180°,重复前四步。

(7)再记下物屏P和透镜L的新位置a_2、b_2。

(8)分别把f=150 mm和f=190 mm的透镜各做一次,比较实验值和真实值的差异,分析产生误差的原因。

2. 用共轭法测薄凸透镜焦距

(1)把全部器件按如图3.15.4所示的顺序摆放在导轨上,靠拢后目测调至共轴,然后再使物屏P和像屏H之间的距离d大于4倍焦距。

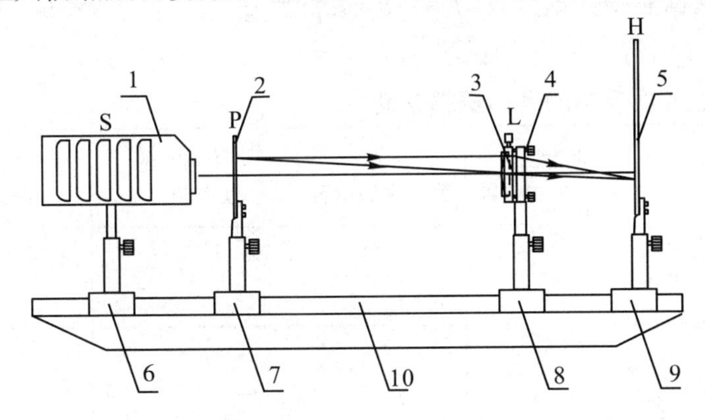

1. 带有毛玻璃的白炽灯光源S　2. 物屏P　3. 凸透镜L　4. 二维调整架
5. 白屏H　6. 滑座　7. 滑座　8. 滑座　9. 滑座　10. 导轨

图3.15.4　共轭法测凸透镜焦距实物光路图

(2)沿标尺前后移动透镜L,使品字形物在像屏H上成一清晰的放大像,记下透镜L的位置a_1。

(3)再沿标尺向后移动透镜L,使物再在像屏H上成一缩小像,记下透镜L的位置b_1。

(4)将物屏P、透镜L、像屏H转动180°,重复前三步,又得到透镜L的两个位置a_2、b_2。

(5)分别把f=150 mm和f=190 mm的透镜各做一遍,比较实验值和真实值的差异,并分析产生误差的原因。

六、实验数据处理

1. 用自准法测薄凸透镜焦距

透镜 L	物屏 P 的位置	透镜 L 的位置	透镜焦距的实验值 f	实验的相对误差
f=150 mm	a_1=	b_1=		
	a_2=	b_2=		
f=190 mm	a_1=	b_1=		
	a_2=	b_2=		

根据实验数据计算：$f_a=|b_1-a_1|=$________，$f_b=|b_2-a_2|=$________，待测透镜焦距：$f=(f_a+f_b)/2=$________。

2. 用共轭法测薄凸透镜焦距

透镜 L	透镜 L 第一次的位置	透镜 L 第二次的位置	透镜焦距的实验值 f	实验的相对误差
f=150 mm	a_1=	a_2=		
	b_1=	b_2=		
f=190 mm	a_1=	a_2=		
	b_1=	b_2=		

根据实验数据，计算：$d_a=|a_2-a_1|=$________，$d_b=|b_2-b_1|=$________，$f_a=(L^2-d_a^2)/4L=$________，$f_b=(L^2-d_b^2)/4L=$________，待测透镜焦距：$f=(f_a+f_b)/2=$________。

思考题

1. 比较测凸透镜焦距所用的两种方法，哪一种方法较准确，误差小？

2. 在共轭法测薄凸透镜焦距实验中，为什么物与像屏之间的距离要大于 $4f$？

（陈月明）

实验 16　自组显微镜

显微镜是一种精密的光学仪器，自 1666 年问世以来已有 300 多年的发展史。自从有了显微镜，人们看到了许多微小生物和构成生物的基本单元——细胞。本实验主要要求我们掌握显微镜的原理、结构及使用。

一、实验目的

(1)了解显微镜的基本原理和结构。
(2)掌握显微镜的调节和使用。
(3)掌握测量显微镜放大率的一种方法。

二、实验仪器

带有毛玻璃的白炽灯光源，1/10 mm 分划板，二维调整架，物镜，测微目镜(去掉其物镜头的读数显微镜)，读数显微镜架，滑座，导轨。

三、实验原理

光学显微镜主要由目镜、物镜、载物台和反光镜组成，其成像原理图如图3.16.1所示，目镜 L_0 和物镜 L_e 都是凸透镜，焦距不同。物镜相当于投影仪的镜头，其焦距 f_0 较小，将物 y 放在它的焦点附近，且物距略大于物镜焦距的位置，物体通过物镜成倒立、放大的实像 y'。目镜 L_e 相当于一个普通的放大镜，经物镜放大的实像又通过目镜成正立、放大的虚像 y''。人眼看到的就是这个虚像 y''。反光镜用来反射，照亮被观察的物体。反光镜一般有两个反射面：一个是平面，在光线较强时使用；一个是凹面，在光线较弱时使用。

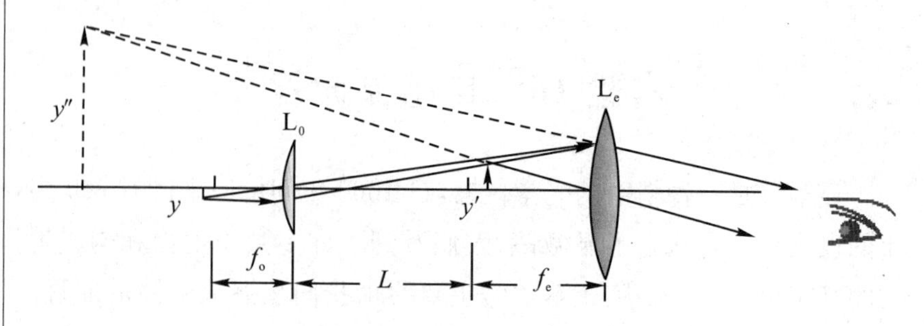

图 3.16.1　显微镜成像原理图

显微镜的角放大率为

$$M=\frac{y'}{y}\cdot\frac{25}{f_e}=ma$$

式中，$m=\frac{y'}{y}$为物镜的线放大率，$\alpha=\frac{25}{f_e}$为目镜的角放大率。由于物体是放在靠近物镜的焦点处，所以物镜的线放大率近似地等于$\frac{L}{f_e}$，L近似地看成像y'到物镜的距离，即物镜的像距，所以

$$M=\frac{25L}{f_0 f_e}$$

四、实验内容及步骤

(1)将全部器件按如图 3.16.2 所示的顺序摆放在导轨上，靠拢后目测调至共轴。

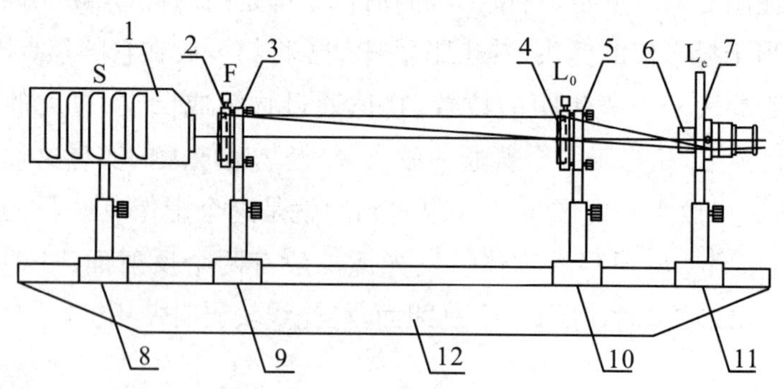

1. 带有毛玻璃的白炽灯光源 S　2. 1/10 mm 分划板 F　3. 二维调整架　4. 物镜 L_0：其焦距 $f_0=15$ mm　5. 二维调整架　6. 测微目镜 L_e（去掉其物镜头的读数显微镜）　7. 读数显微镜架　8. 滑座　9. 滑座　10. 滑座　11. 滑座　12. 导轨

图 3.16.2　测量显微镜放大率实验的实物图

(2)把透镜 L_0、L_e 的间距固定为 D(=180 mm)左右。

(3)沿标尺导轨前后移动 F(F 紧挨毛玻璃装置,使 F 置于略大于 f_0 的位置),直至在显微镜系统中看清分划板 F 的刻线。

(4)进行数据处理和分析。

五、实验数据处理

记录下实验数据:$D=$________,$L=D-f_e=$________。

计算显微镜的放大率:$M=\dfrac{25L}{f_0 f_e}=$________。

本实验中,$f_0=15$ mm,$f_e=250/20$ mm。公式中的各物理量均以厘米为单位。

思考题

1. 显微镜的放大率越大越能看清楚微小物体,对吗?

2. 在实验中移动分划板 F 时,从目镜中看到的像会怎样变化?

(陈月明)

附录1

常用物理常数表

物理量	符号	2002年国际科技数据委员会推荐值	计算取用值	单位
真空中的光速	c	$2.997\,924\,58\times10^{8}$	3.0×10^{8}	$m\cdot s^{-1}$
阿伏伽德罗常量	N_A	$6.022\,141\,5(10)\times10^{23}$	6.02×10^{23}	mol^{-1}
牛顿引力常量	G	$6.672\,42(10)\times10^{-11}$	6.67×10^{-11}	$N\cdot m^{2}\cdot kg^{-2}$
摩尔气体常量	R	$8.314\,472(15)$	8.31	$J\cdot mol^{-1}\cdot K^{-1}$
玻耳兹曼常量	k	$1.380\,650\,5(24)\times10^{-23}$	1.38×10^{-23}	$J\cdot K^{-1}$
理想气体的摩尔体积	V_m	$22.414\,10(19)\times10^{-3}$	22.4×10^{-3}	$m^{3}\cdot mol^{-1}$
基本电荷	e	$1.602\,176\,53(14)\times10^{-19}$	1.60×10^{-19}	C
里德伯常数	R_∞	109 737 31.534	10 973 731	m^{-1}
电子质量	m_e	$0.910\,938\,26(16)\times10^{-30}$	9.11×10^{-31}	kg
质子质量	m_p	$1.672\,621\,71(29)\times10^{-27}$	1.67×10^{-27}	kg
中子质量	m_n	$1.674\,927\,28(29)\times10^{-27}$	1.67×10^{-27}	kg
原子质量单位	m_u	$1.660\,538\,86(28)\times10^{-27}$	1.66×10^{-27}	kg
真空磁导率	μ_0	$4\pi\times10^{-7}$	$4\pi\times10^{-7}$	$N\cdot A^{-2}$
真空电容率	ε_0	$8.854\,187\,817\cdots\times10^{-12}$	8.85×10^{-12}	$C^{2}\cdot N^{-1}\cdot m^{-2}$
电子磁矩	μ_e	$9.284\,770\,1(31)\times10^{-24}$	9.28×10^{-24}	$J\cdot T^{-1}$
质子磁矩	μ_p	$1.410\,607\times\,61(47)\times10^{-26}$	1.41×10^{-26}	$J\cdot T^{-1}$
中子磁矩	μ_n	$0.966\,237\,07(40)\times10^{-26}$	9.66×10^{-27}	$J\cdot T^{-1}$
核子磁矩	μ_N	$5.050\,786\,6(17)\times10^{-27}$	5.05×10^{-27}	$J\cdot T^{-1}$
玻耳磁矩	μ_B	$9.274\,015\,4(31)\times10^{-24}$	9.27×10^{-24}	$J\cdot T^{-1}$
玻耳半径	a_0	$0.529\,177\,210\,8(18)\times10^{-10}$	5.29×10^{-11}	m
普朗克常量	h	$6.626\,069\,3(11)\times10^{-34}$	6.63×10^{-34}	$J\cdot s$

附录 2

希腊字母表

字母		英文注音	字母		英文注音
大写	小写		大写	小写	
A	α	alpha	N	ν	nu
B	β	beta	Ξ	ξ	xi
Γ	γ	gamma	O	o	omicron
Δ	δ	delta	Π	π	pi
E	ε	epsilon	P	ρ	rho
Z	ζ	zeta	Σ	σ	sigma
H	η	eta	T	τ	tau
Θ	θ	theta	Υ	υ	upsilon
I	ι	iota	Φ	φ	phi
K	κ	kappa	X	χ	chi
Λ	λ	lambda	Ψ	ψ	psi
M	μ	mu	Ω	ω	omega